独一无二 的 婚礼蛋糕

DUYIWUER DE HUNLI DANGAO

30个浪漫婚礼蛋糕设计

独一无二 的 婚礼蛋糕

DUYIWUER DE HUNLI DANGAO

［英］佐伊·克拉克 著

刘嘉 译

中国纺织出版社

作者介绍

自从2005年为自己的婚礼制作了婚礼蛋糕后，佐伊对蛋糕装饰产生了浓厚的兴趣，前往伦敦与最专业的烘焙师合作。她创造了自己独特的风格并在2008年开始了自己的蛋糕事业。佐伊蛋糕创意吸引客户和媒体的眼球并荣获"2010最佳婚礼蛋糕设计"奖。佐伊曾经为D&C出版过3本书。随着事业日益成功，佐伊在伦敦温布尔登开设了蛋糕店，继续创作婚礼蛋糕。佐伊出版的书籍广受烘焙爱好者喜好，因此她也开始教授蛋糕装饰课程。

www.thecake parlour.com
www.zoeclarkcakes.com

目 录

序 言

计划写一本关于婚礼蛋糕的书已经很久了。
身为一名众所周知的浪漫主义者，
设计和创作这十款精美的婚礼蛋糕是我一直的梦想。

设计婚礼蛋糕和甜品给我带来很大快乐，婚礼蛋糕是我一直努力的方向。能够参加新人的婚礼是一种荣幸，一款能够体现婚礼主题的婚礼蛋糕是必不可少的。我个人觉得用蕾丝花边和美丽的糖花装饰的多层蛋糕是最漂亮的。当然还有很多其他装饰婚礼蛋糕的方法，我在书中都有介绍。

本书主要介绍了十款各具特色的浪漫婚礼蛋糕，每款婚礼主蛋糕附加两款包括饼干、杯子蛋糕和翻糖小甜品等的附加装饰，这些附加装饰可以和婚礼主蛋糕一起作为婚宴甜品，也可以做为小礼物送给参加婚礼的嘉宾。做蛋糕的灵感来自于婚礼本身，包括婚礼鲜花、婚服、婚鞋、婚礼场地。综合上述因素最终确定婚礼主题。

婚礼蛋糕大多由三层至四层蛋糕组成，偶尔会由五层蛋糕组成，可以根据需要按比例缩减层数。本书介绍了制作十款婚礼蛋糕的详细步骤，包括高雅刷绣，糖霜转印，手作翻糖花。另有单

独章节介绍配方和技法，列举材料用量，水果蛋糕、胡萝卜蛋糕、巧克力蛋糕以及海绵蛋糕的基础配方，以及婚礼蛋糕必备技法比如蛋糕覆盖技巧、蛋糕的组装和如何使用裱花袋等。

每款蛋糕都详细介绍了其灵感的来源，也希望对读者有所启发。书中精美的款式和图片不仅展示了如何组装蛋糕，而且展示了如何在婚礼当天摆放蛋糕。

我希望本书不仅可以教给大家制作婚礼蛋糕的技巧，更可以给大家带来创作灵感，自己创作出精美的婚礼蛋糕。无论你是烘焙初学者还是专业甜品师，我都希望大家能够和我一样享受制作婚礼蛋糕的乐趣。

祝好运。

工具和设备

以下列举的工具是本书所用的基本工具。
开始烘烤前需要将所需工具和设备提前准备好。

必备烘焙工具与设备

- **料理机** 用于制作蛋糕胚、奶油霜和糖霜
- **厨房称** 用于称取材料
- **量匙** 用于量取少量材料
- **搅拌盆** 用于混合材料
- **刮铲** 用于混合搅拌蛋糕面糊
- **蛋糕模具** 用于烤制蛋糕
- **玛芬烤盘** 用于烤制纸杯蛋糕
- **烤盘** 用于烤制饼干
- **冷却架** 用于冷却蛋糕和翻糖小甜品

- **烘焙油纸** 用于垫在烤盘内以及制作糖霜时垫在下面
- **保鲜膜** 用于覆盖在糖霜表面防止干燥以及包裹饼干面团
- **大块不粘板** 用于擀制翻糖皮时候垫在下面
- **防滑垫** 垫在不粘板下面防止操作时候不粘板滑动
- **大、小不粘擀面杖** 用于擀翻糖或杏仁糖膏
- **大、小锋利刀** 用于切割和塑形翻糖
- **大锯齿刀** 用于分割或塑形蛋糕胚
- **蛋糕分割器** 用于平均分割海绵蛋糕胚
- **蛋糕卡** 是一种比蛋糕板薄的特殊卡片,用于摆放迷你蛋糕
- **大、小调色刀** 用于涂抹奶油霜和甘那许
- **糖霜或杏仁糖膏垫片** 擀翻糖或杏仁糖膏时放在两侧以保证糖皮厚度均匀
- **翻糖蛋糕抹平器** 用于平整翻糖
- **水平仪** 组装蛋糕时用于检查蛋糕摆放是否水平
- **金属尺** 用于测量高度和厚度
- **蛋糕刮刀** 用于刮平奶油霜、甘那许或糖霜,用法与调色刀相近

创意工具

- ❧ **中空塑料固定销** 用于组装蛋糕时候起到支撑作用
- ❧ **转台** 用于蛋糕分层
- ❧ **双面胶** 用于在蛋糕、蛋糕板和支柱上粘附绸带
- ❧ **裱花袋** 用于糖霜装饰
- ❧ **裱花嘴** 用于糖霜裱花
- ❧ **鸡尾酒签（牙签）或透明签** 用于给糖霜调色
- ❧ **玻璃纸** 用于覆盖在糖霜表面防止干燥
- ❧ **食用胶水** 用于黏合翻糖
- ❧ **食用色素笔** 用于标记位置
- ❧ **气泡针** 用于标记位置和去除糖霜里的气泡
- ❧ **蛋糕顶部标记模版** 用于标记蛋糕中心以便放置塑料固定销
- ❧ **糕点刷** 用于在蛋糕上刷糖浆、杏酱、果酱（果冻）

- ❧ **优质画刷** 用于刷胶水或绘画
- ❧ **色粉刷** 用于在糖霜上刷色粉
- ❧ **浸渍叉** 用于将翻糖浸入到糖霜中
- ❧ **蛋糕十头笔** 用于糖花花瓣的塑形（压薄或压出褶皱）
- ❧ **泡沫垫** 用于软化糖花花瓣和在糖花花瓣上压出褶皱
- ❧ **褶皱切模** 用于切出糖花花瓣以及美化花瓣边缘
- ❧ **花形、花瓣和星形切模** 用于切出花朵、花瓣和星形翻糖
- ❧ **圆形切模** 用于切出不同尺寸的圆形
- ❧ **异形切模** 用于切出例如叶子、宝石、星星和婚礼蛋糕等异形

玫瑰浪漫

这款漂亮蛋糕的灵感来源于一本婚礼杂志；
一期收集了所有我喜欢的"小女生"色彩的华丽期刊吸引了我的眼球。
柔粉色和淡紫色的花朵、新娘礼服和银色的餐具搭配在一起很和谐。

一款由尼基·麦克法兰设计的美丽花朵连衣裙给了我灵感，
随后创作出了本款蛋糕。手工制作的玫瑰花和紫色桉树都提升了蛋糕的档次。

"甜蜜又高档，可爱又经典，这款柔粉色的蛋糕满足了新娘的梦想"

甜蜜的玫瑰花和小波点

玫瑰花是目前婚礼蛋糕上最常见的糖花。我个人偏好无铁丝的大玫瑰花，和蛋糕组装后花朵外围的花瓣还是软的，可以很好地黏合在一起。不过，每支紫色桉树内都配有铁丝，摆放在玫瑰花中间。玫瑰花苞需要提前24小时准备好。

材料

- 1个10厘米（4英寸）的圆形蛋糕，1个18厘米（7英寸）的圆形蛋糕，1个25厘米（10英寸）的圆形蛋糕。每个蛋糕10厘米（4英寸）高，并用淡粉色翻糖（翻糖膏）覆盖好（见107页覆盖翻糖章节）
- 1个直径35厘米（14英寸）圆形蛋糕底托，用淡粉色翻糖（翻糖膏）覆盖好（见108页覆盖蛋糕板章节）
- 600克（1磅5盎司）白色甘佩斯
- 可食用胶水
- *食用色素：暗红色，紫红色，绿色*
- *食用色粉：暗红色，紫红色，绿色，茄色*
- 1/2标准量糖霜

工具

- 7根中空塑料固定销裁剪成所需尺寸（见110页组装蛋糕章节）
- 10毫米（3/8英寸）宽白色绸带
- 直径4毫米（1/8英寸）圆形切模
- 鸡尾酒签（牙签）
- 大尺寸塑料泡沫蛋糕假体
- 直径5厘米（2英寸）和直径6厘米（2.5英寸）玫瑰花花瓣切模
- 泡沫垫
- 蛋糕十头笔
- 调色板
- 色粉刷
- 26号和20号糖艺铁丝
- 糖花板（可选）
- 1.5厘米（5/8英寸）和2厘米（3/4英寸）小椭圆切模
- 小号玫瑰花瓣槽
- 绿色花艺胶带
- 15毫米（5/8英寸）宽白色双面绸带
- 双面胶

1. 将三层蛋糕组装在蛋糕板上（见110页组装蛋糕章节）。

2. 每层蛋糕底部用10毫米（3/8英寸）绸带围边并用双面胶固定。

3. 取少量白色甘佩斯擀成薄片，用小号圆形切模切出小波点。小波点用于横向、竖向贴在三层蛋糕表面，所以需要足够数量的小波点。用可食用胶水把小波点粘在三层蛋糕上，波点与波点之间留出3厘米（1.25英寸）的间距。

小贴士

把小波点粘在蛋糕表面时蘸取少量可食用胶水即可，如果位置不合适还可以及时调整。

4. 制作玫瑰花，取15克（1/2盎司）白色甘佩斯揉成球并塑形成圆锥体当作花苞。用鸡尾酒签（牙签）插入花苞底部并固定在塑料泡沫蛋糕假体上，晾干24小时。同样的步骤再做2个花苞。

5. 取200克（7盎司）甘佩斯用紫色色素调成淡紫色翻糖膏，擀成薄片后用花瓣切模切出12片花瓣。把花瓣平铺在泡沫垫上用圆头笔软化边缘。取1片花瓣包裹在花苞周围并用食用胶水黏合。再用3片花瓣包裹中间的花瓣。同样步骤完成另外2朵花。

6. 再取适量翻糖膏擀成薄片，每朵花切出3片花瓣做下一层。软化花瓣边缘，在组装前用鸡尾酒签（牙签）稍微平整一下弧度。组装花瓣时注意要一瓣压一瓣，这样看起来更自然。

7. 每朵花的第四层由5片花瓣组成。按照上述方法制作好花瓣并用食用胶水黏合。第五层和最后一层由7片花瓣组成。这些花瓣需要比内层的花瓣更干一些更挺一些，这样更容易操作，组装时候不会掉落。花瓣切好后放在调色盘里塑形。

8. 取200克（7盎司）甘佩斯调成暗粉色，按照上述方法做3朵玫瑰。再取140克（5盎司）甘佩斯调成深紫色做成2朵玫瑰。在每朵玫瑰花上涂上相应色粉，这样看起来更自然。把玫瑰花组装在蛋糕上，利用暗粉色糖霜黏合花朵。4朵花在蛋糕顶部，2朵在侧面。每种颜色多做几片花瓣，用于填补花瓣和花瓣之间的缝隙。

9. 将剩下的甘佩斯调成淡绿色，26号糖艺铁丝剪成10厘米（4英寸）长的片段。取1小块翻糖膏擀开，中央略隆起以便组装在糖艺铁丝上。你可以借助糖花板，也可以直接捏成香肠形状再向四周擀开。用小号椭圆形切模切出叶子形状，插入糖艺铁丝，贴在花瓣叶脉棒上塑形。在叶子底部捏一下后放在一旁晾干。重复上述步骤制作3片小叶子和4片大叶子，组成1茎。

10. 用绿色和茄色色粉给叶子上色。用花艺胶带把2片小叶子粘在15厘米长（6英寸）的糖艺铁丝上，再沿着茎向下粘上2片小叶子和4片大叶子。重复上述步骤，一共制作6茎叶子。把茄色色粉刷在胶带上。

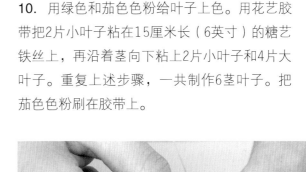

11. 修剪桉树叶并插入玫瑰花间隙，组装时用淡粉色糖霜黏合固定。再用15毫米（5/8英寸）白色绸带在蛋糕板上围一圈。这款蛋糕便完成了。

桉树杯子蛋糕

　　这款杯子蛋糕是主体蛋糕的补充。有些用小波点点缀，有些用桉树叶点缀。这款蛋糕上的桉树叶茎内没有糖艺铁丝，全部是可以食用的。食用时不需再把铁丝挑出来。

　　制作波点杯子蛋糕，取白色花朵甘佩斯擀成薄片并用4号圆形裱花嘴切取小圆点。借助食用胶水把小圆点黏合在杯子蛋糕表面。

　　制作桉树叶杯子蛋糕，把糖霜调成暗粉色和紫色，用2号裱花嘴在杯子蛋糕上挤出叶茎。再用糖霜把桉树叶黏合在茎上。

你还需要准备

✤ 杯子蛋糕表面覆盖翻糖膏，翻糖膏的颜色建议和主体蛋糕一致，建议搭配银色底托。（见114页翻糖覆盖杯子蛋糕章节）

✤ 无糖艺铁丝的桉树叶，制作方法同主体蛋糕

✤ 2号裱花嘴和4号裱花嘴

婚礼蛋糕饼干

这种婚礼蛋糕饼干制作简单，可跟主体蛋糕相呼应，摆在瓷碗里，可以做为新颖小礼物赠送给参加婚礼的嘉宾。

用花形切模切出4片淡紫色翻糖花片。把少量花片切成两半，摆放在饼干顶部整朵花片的后面。用可食用胶水把花片黏合在饼干上。用4号裱花嘴把白色翻糖切成小波点并黏合在饼干上。用1号裱花嘴在翻糖花片上用略深的紫色糖霜勾边，再用白色糖霜勾出每层蛋糕的边界。

你还需要准备

❧ 根据模板做出婚礼蛋糕形状的饼干（见126页模板章节），并用暗粉色糖霜涂满饼干表面（见121页糖霜饼干章节）

❧ 小号花形切模

♣ 1号裱花嘴和2号裱花嘴

高雅锦缎

近几年又开始流行锦缎印花，这种可爱的元素也被广泛应用于现代婚礼，
尤其是淡雅风格的婚礼。多蒂设计工作室的才女设计了大量现代品牌，
本章节中的蛋糕和饼干的灵感来源于一个我最喜欢的品牌，达尔西。
转印技法可以在食材上创作错综复杂的花纹，并且具有可复制性。
熟练操作后，糖霜转印是一种简单且高效的装饰手法。

"淡绿色锦缎
婚礼蛋糕
尽显现代高贵"

锦缎转印蛋糕

  本款蛋糕选择淡绿色搭配象牙白色的灵感来自于婚礼请柬。你可以根据活动主题更换配色以及转印的花纹款式。技法是相同的。

材料

❖ 1个10厘米（4英寸）方形蛋糕，1个18厘米（7英寸）方形蛋糕和1个25厘米（10英寸）方形蛋糕。每个蛋糕10厘米（4英寸）高。每个蛋糕至少提前24小时表面覆盖淡绿色翻糖并晾干（见107页覆盖翻糖章节）

❖ 1标准量糖霜

❖ **食用色素**：象牙色，绿色（我用薄荷色、醋栗色和柳绿色调配而成）

❖ 1个33厘米（13英寸）方形蛋糕板，表面覆盖淡绿色翻糖（见108页覆盖蛋糕板章节）

工具

❖ 气泡针

❖ 标尺或卷尺

❖ 湿布或厨房纸巾

❖ 锦缎转印模具（设计师转印模具）

❖ 调色刀或蛋糕刮板

❖ 8根中空塑料固定销裁剪成所需尺寸（见110页组装蛋糕章节）

❖ 翻糖蛋糕抹平器

❖ 小号裱花袋和2号裱花嘴

❖ 15毫米（5/8英寸）宽象牙色绸带

❖ 双面胶

❖ 用于装饰的无毒鲜花（非必须）

❖ 蛋糕架

准备蛋糕时尽量保持蛋糕的边角界限清晰

3. 把蛋糕板略抬高以便于转印模具可以完全贴合蛋糕体。把转印模具贴合在蛋糕的一个侧面，用调色刀或蛋糕刮板在模具表面涂满一层象牙色糖霜。整个操作过程中保持模具不动，否则糖霜会错位。

1. 借助标尺找到蛋糕每条边界线的中点并用气泡针标记好。

4. 小心将转印模具从蛋糕上取下，锦缎花纹留在蛋糕表面。用湿润的优质画刷去除多余的糖霜。

2. 把2/3的糖霜调成象牙色，并用湿布或厨房纸巾覆盖在表面防止干燥。

5. 在每个蛋糕侧面重复上述步骤。用湿润的优质画刷清理蛋糕边角处保证转印花纹整洁。

6. 用同样的方法装饰另外两层蛋糕并放置一旁晾干。

7. 用固定销做支撑，把三层蛋糕组装在33厘米（13英寸）蛋糕板上。组装蛋糕时候尽量一步到位，因为蛋糕表面的花纹有可能会在移动蛋糕时被破坏。如果需要调整蛋糕位置，用2个抹平器夹住蛋糕两侧后再移动蛋糕，移动时两侧用力要均匀。

8. 取剩余1/3糖霜调成绿色，颜色与蛋糕主体颜色相呼应。糖霜调色时候一点一点加色素，用蛋糕主体颜色做参考调色。颜色调好后装入裱花袋，用2号裱花嘴在每层蛋糕底部裱出水滴状花边（见123页糖霜裱花章节）。

9. 蛋糕底板周边围一圈象牙色绸带并用双面胶固定。在蛋糕顶部装饰1朵鲜花（非必须）。最后把整个蛋糕放置在蛋糕架上，并在蛋糕架上用绸带打个蝴蝶结与婚礼请束相呼应。

迷你礼盒蛋糕

这些可爱的迷你礼盒蛋糕表面搭配翻糖蝴蝶结可以做为礼物送给参加婚礼的嘉宾们。这种甜美的设计可以被广泛应用于生日聚会，洗礼仪式甚至圣诞聚会，根据不同场合更换颜色即可。

把翻糖皮擀成薄片，切出4个长条状翻糖片，每个长条长10~12厘米（4~4.5英寸）宽1厘米（3/8英寸）。先取2条粘在迷你蛋糕相对的两面，其汇聚在蛋糕顶部时裁剪掉多余部分。同样的步骤完成另外两面，汇聚在顶部时先掐合再裁剪掉多余部分。再切出2条长约5厘米（2英寸）的翻糖做为蝴蝶结的尾部。长条的一端彼此黏合，另外一端裁剪成斜角。再把蝴蝶结尾部掐合在蛋糕顶部中心。切1条长16厘米（6.25英寸）的翻糖做为蝴蝶结主体。先把长条的中点捏合，再把两端向下弯曲形成蝴蝶结的弧度，用可食胶水黏合。再切取长4厘米（1.5英寸）的长条做为蝴蝶结正中的结节。最后把蝴蝶结黏合在蛋糕顶部。

你还需要准备

- ❦ 5厘米（2英寸）方形蛋糕表面覆盖象牙色翻糖皮（见112页迷你蛋糕章节）
- ❦ 绿色翻糖
- ❦ 可食用胶水

锦缎饼干

锦缎花纹同样可以应用在饼干上，用精美花纹制作而成的方形饼干与主体蛋糕相呼应。包装好的饼干搭配缎带蝴蝶结可以做为礼物送给来参加婚礼的嘉宾们。

用绿色食用色素把糖霜调成绿色。把转印模具放在饼干上，用调色刀在模具表面薄薄涂一层糖霜。小心取下转印模具，把饼干放置一旁晾干。用1.5号圆形花嘴在饼干四周用糖霜裱一圈水滴形花边（见123页糖霜裱花章节）

你还需要准备

❀ 7.5厘米（3英寸）方形饼干表面涂满象牙色糖霜（见121页糖霜饼干章节）

♣ 小号锦缎转印模具（设计师转印模具）

❀ 1.5号圆形裱花嘴

♣ 塑料包装袋和缎带蝴蝶结（非必须）

城市主题婚礼

城市主题婚礼以新人步入婚姻殿堂的城市为主题，是一种很新颖的婚礼庆祝方式。Cutture公司的精英团队为新人打造个性化的精美激光雕刻轮廓婚礼用品正好满足这类婚礼的需求。我把这种理念应用在婚礼蛋糕上，蛋糕上的装饰元素利用城市地标性建筑的模板制作而成。

本章第一节以两个城市为主题，伦敦和巴黎。伦敦是我现在工作和居住的城市，巴黎是世界上最浪漫的城市，同时也是我很喜欢的城市。你可以随意更换城市以配合婚礼主题，自己制作城市模板即可。

"一个极好的婚礼
蛋糕装饰理念，是
现代都市新人们婚
礼的最佳选择"

轮廓蛋糕

六边形蛋糕和这种蛋糕装饰手法很配，因为正视蛋糕便可以看到蛋糕的侧面。先画出建筑物的轮廓再涂满糖霜以得到建筑物的轮廓，晾干后在表面勾画出细节可以让建筑物看起来更生动。你可以根据需求制作个性化模板，注意模板的尺寸需要和蛋糕尺寸相符。

材料

- ❖ 1个10厘米（4英寸）六边形蛋糕，1个15厘米（6英寸）六边形蛋糕，1个20厘米（8英寸）六边形蛋糕和1个23厘米（9英寸）六边形蛋糕。每个蛋糕10厘米（4英寸）高，表面覆盖好浅灰色翻糖（见107页覆盖翻糖章节）
- ❖ 1个35厘米（14英寸）圆形或六边形蛋糕底托，表面覆盖浅灰色翻糖（见108页覆盖蛋糕板章节）
- ❖ 白油
- ❖ 1～2标准量糖霜
- ❖ 食用色素：黑色

工具

- ❖ 用于做模板的纸
- ❖ 6～8张透明塑料片
- ❖ 小号和中号裱花袋，1号、1.5号和2号圆形裱花嘴
- ❖ 10根中空塑料固定销裁剪成所需尺寸（见110页组装蛋糕章节）
- ❖ 15毫米（5/8英寸）宽婚礼白色绸带
- ❖ 双面胶

1. 首先从制作模板开始。选择准备做在蛋糕上的建筑物或城市地标的图形。根据蛋糕尺寸调整图形尺寸。制作至少10~15个建筑物轮廓的模板，这些建筑物可以在蛋糕上重复使用。再制作10~15个尺寸不同的建筑物，比如大楼街区，这些可以用来填补空隙。

2. 在透明塑料片上薄薄涂一层白油，把模板纸垫在透明塑料片下。取出8汤匙糖霜，用黑色翻糖膏调成浅灰色，颜色比蛋糕的灰色略浅。

3. 准备好裱花袋，在一个小号裱花内安装1.5号圆形裱花嘴，装入2汤匙软尖峰糖霜（见120页软尖峰糖霜章节），放在一旁备用。再把剩下的糖霜稀释成流动糖霜（见120页流动糖霜章节）。把流动糖霜装入中号裱花袋内，放在一旁备用。如果需要填充很小的区域，用1号圆形裱花嘴，注意清除裱花袋内的小气泡以防止晾干后糖霜下陷。

4. 使用软尖峰糖霜依据模板勾画出建筑物的外轮廓。完成后轻置一旁，再去勾画另外一个。每款建筑物至少制作2~3个甚至更多，这样可以保证数量充足，以防有个别破损断裂。

小贴士

从互联网上找到建筑物的图形，调整图形的尺寸，留存以备将来制作模板。

5. 流动糖霜的裱花袋上剪一个很小的口，填充整个建筑物。重复上述步骤，填充至少一半的建筑物。移动模板时候注意不要让透明塑料片弯曲，否则会使已被晾干的糖霜断裂。

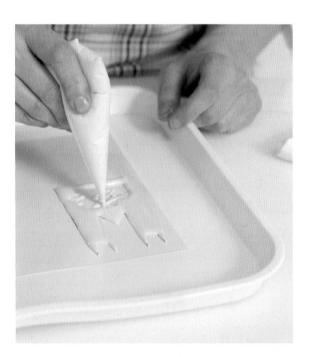

6. 重复步骤5的操作，填充完另外一半建筑物。所有建筑物装饰都需要提前24小时完成，晾干后再装饰在蛋糕上。

7. 建筑物装饰彻底晾干后，用软尖峰糖霜和1号圆形裱花嘴在装饰物表面拉线做细节装饰。操作这一步前把透明装饰片依据建筑物边缘剪下，这样在表面勾画细节时候更容易操作。但要注意不要破坏已晾干的建筑物，尤其是精细的图形。勾画细节完成后放置一旁晾干。

8. 将4个六边形蛋糕利用中空塑料固定销组装在蛋糕板上（见110页组装蛋糕章节）。最底层蛋糕用4根固定销做支撑，第二层和第三层用3根固定销做支撑。

9. 小心将建筑物装饰和透明塑料片分离。把一个角移到桌子边缘外，向下剥落透明塑料片。不要强行分离。如果建筑物装饰还没有完全晾干，借助小刀分离更容易操作。

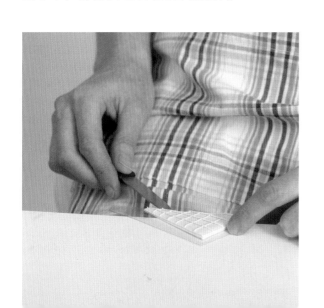

10. 用硬质糖霜把建筑物装饰黏合在第一层蛋糕上。边做边想如何摆放这些建筑物装饰。在蛋糕转角处不要放置建筑物装饰。如果建筑物之间有空隙也不用担心，装饰下一层蛋糕的时候可以填补空隙。

11. 最后装饰顶层蛋糕，把白色建筑物装饰黏合在顶层蛋糕表面和侧面，填补建筑物装饰之间的空隙。如果有些建筑物或地标建筑有吊线或悬挂物（比如吊桥的侧面），先把装饰物黏合在蛋糕上后再用糖霜勾画细节。

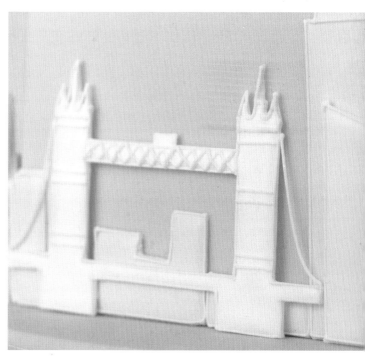

12. 用15毫米（5/8英寸）宽婚礼白色绸带围一圈在蛋糕板侧面，并用双面胶固定。

地标建筑小甜品

用糖霜建筑物装饰翻糖小甜品，与主体蛋糕相呼应。用比主体蛋糕略深的灰色翻糖做小甜品，并摆放在银色蛋糕托里，这样可以和表面的白色建筑物装饰形成鲜明对比。

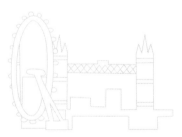

用少量糖霜把建筑物装饰黏合在小甜品表面。成角度摆放建筑物可以看起来更美。

你还需要准备

❦ 4厘米（1.5英寸）方形翻糖小甜品（见116页翻糖小甜品章节）摆放在银色蛋糕托里。

❦ 小尺寸白色建筑物装饰（见主体蛋糕章节）

地标建筑饼干

六边形饼干表面装饰线条和城市主体婚礼很搭。包装好的饼干搭配绸带可以做为小礼物送给参加婚礼的嘉宾们。

小号裱花袋组装1号圆形裱花嘴，装入软尖峰糖霜。在饼干表面勾画出饼干轮廓，再勾画出平行直线，一部分饼干放置一旁晾干线条。另一部分饼干再交叉勾画出网格后放置一旁晾干。待线条完全晾干后用糖霜在表面黏合建筑物装饰。彻底晾干后装入包装袋并用绸带封口装饰。

你还需要准备

✤ 用六边形模板制作而成的饼干（见126页模板章节）表面用白色糖霜打底涂匀。

✤ 小号、浅灰色建筑物装饰（见主体蛋糕章节）

✤ 透明包装袋和条纹绸带（非必须）

宝石的辉煌

新娘的婚鞋和首饰在婚礼上是仅次于婚纱礼服的第二重要的元素。
大多数新娘想在自己婚礼上把自己装扮成公主或至少要与众不同，
因此选择婚纱礼服和首饰就显得尤为重要。

我最喜欢的鞋业设计师，埃米，在设计现代女鞋时融入珠宝和花朵等元素。
本章节蛋糕灵感来自于这种设计，婚礼蛋糕与新娘的婚鞋相呼应。

"淡粉色糖霜装
饰搭配高贵宝石
串使得整个蛋糕
富有女性气质"

宝石蛋糕

这款蛋糕的灵感来自于一款埃米设计的"宝贝"女鞋，鞋的内面有她粉色签名图案。鞋的表面正中和鞋带嵌有椭圆形珠宝，我把这些元素应用于这款蛋糕的中层装饰上。

材料

- ✤ 1个15厘米（6英寸）圆形蛋糕，10厘米（4英寸）高，表面覆盖淡粉色翻糖，提前至少12～24小时准备好（见107页覆盖翻糖章节）
- ✤ 1个20厘米（8英寸）圆形蛋糕，18厘米（7英寸）高，表面覆盖淡粉色翻糖，提前至少12～24小时准备好（见107页覆盖翻糖章节）
- ✤ 1个28厘米（11英寸）圆形蛋糕，12厘米（4.5英寸）高，表面覆盖淡粉色翻糖，提前至少12～24小时准备好（见107页覆盖翻糖章节）
- ✤ 1个35厘米（14英寸）圆形蛋糕板，表面覆盖淡粉色翻糖，提前至少12～24小时准备好（见108页覆盖蛋糕板章节）
- ✤ 1/4标准量的糖霜
- ✤ 100克（3.5盎司）粉色甘佩斯
- ✤ 可食用胶水
- ✤ 100克（3.5盎司）灰色甘佩斯
- ✤ 100克（3.5盎司）象牙色甘佩斯
- ✤ 食用色素：银色，珍珠白色
- ✤ 大号和小号珍珠色和银色糖豆
- ✤ 猫眼石装饰糖

工具

- ✤ 6根中空塑料固定销裁剪成所需尺寸（见110页组装蛋糕章节）
- ✤ 阁楼装饰模具
- ✤ 透明塑料片
- ✤ 3号圆形裱花嘴
- ✤ 椭圆形模版（见126页模版章节）
- ✤ 43毫米（1.5英寸）和65毫米（2.5英寸）圆形模具
- ✤ 色粉刷
- ✤ 镊子
- ✤ 缝合工具
- ✤ 白色花艺胶带
- ✤ 半束大号翻糖花蕊
- ✤ 不粘板
- ✤ 大号和小号牡丹花瓣切模和花径板
- ✤ 26号白色糖花铁丝，剪成每根10厘米（4英寸）
- ✤ 花径制作棒
- ✤ 浅杯状模具或苹果托盘
- ✤ 尖嘴钳
- ✤ 花插
- ✤ 气泡垫
- ✤ 双面胶
- ✤ 15毫米（5/8英寸）宽双面白色绸带

1. 利用糖霜和中空塑料固定销组装三层蛋糕（见110页组装蛋糕章节）

2. 取1块粉色甘佩斯擀成1块长25～30厘米（10～12英寸）宽6～7厘米（2.5～2.75英寸）的长方形。借助阁楼装饰模具在较长的一个边压出波浪形花边，预留出2.5厘米（1英寸）的宽度，用小刀裁掉多余掉部分。在表面覆盖透明塑料片防止其变干。

3. 重复步骤2，把所有粉色甘佩斯制作成一边带波浪花纹的长条。所有长条的总长度可以分别围绕底层蛋糕和顶层蛋糕绕一圈即可。

4. 用3号圆形裱花嘴在波浪边每个半圆内压出两个重叠的圆形。再用锋利小刀在圆形底部刻出1个V形，这样就形成了1个心形镂空图案。同样的方法在每个波浪半圆内都刻出1个心形镂空图案。

5. 在顶层蛋糕底部刷可食用胶水，把波浪形花边翻糖一条一条拼接黏合在蛋糕底部，最后用小刀在头尾交接处裁掉多余部分。同样的操作在底层蛋糕底部黏合一圈波浪形翻糖。

6. 把灰色甘佩斯擀成4毫米（1/8英寸）厚的翻糖片，用小刀切成4毫米（1/8英寸）宽的长条。把所有条状翻糖摆在一起，用小刀切成4毫米（1/8英寸）宽的小方块做为小珠装饰。一共需要384块小方块。制作完成后放置晾干。

7. 同样的方法制作象牙色珍珠装饰。取象牙色甘佩斯擀成4毫米（1/8英寸）厚的翻糖片，制作成4毫米（1/8英寸）的小方块，用手指把小方块的两端揉成椭圆状。一共需要384个珍珠装饰。制作完成后放置晾干。

8. 取灰色甘佩斯擀成薄片，把椭圆形模板放在翻糖薄片上，借助圆形切模切出椭圆形翻糖片。用色粉刷在椭圆形翻糖表面刷上可食用银色色粉。一共需要48个这种椭圆形的翻糖片。制作完成后表面覆盖透明塑料片防止变干。

9. 装饰椭圆形翻糖片，取其中的8片表面刷可食用胶水。用镊子操作，在正中央放置1颗珍珠糖豆，周遍围一圈小号银色糖豆。在长径方向上放2颗大号银色糖豆。按需再刷可食用胶水，四周摆放灰色小珠装饰，长径两端方向摆放象牙色珍珠装饰。最后在长径两个端点摆放2颗珍珠糖豆，空隙处用猫眼石装饰糖填充。制作完成后用透明塑料片覆盖防止变干。

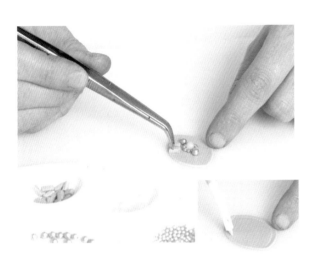

10. 再取灰色甘佩斯擀成薄片，同样方法制作成椭圆形翻糖片，区别在于这次比之前的椭圆形翻糖片向外延伸2毫米（1/16英寸）。用缝合工具在周边扎一圈小孔，再用色粉刷把翻糖片表面刷可食用银色色粉。一共需要准备48片。最后取步骤9中装饰好的翻糖片黏合在正中。

11. 在中层蛋糕上测量并标记24个均分点（上面和下面各12个点）。建议先标记出正对的2个点，然后分别取中点，再把每1/4圆等分成3份，标记2个点。把步骤10中完成的宝石装饰黏合在蛋糕上，从蛋糕底部向蛋糕顶部装饰。

小贴士

在装饰蛋糕前把所需的珍珠饰提前准备好。

12. 制作蛋糕顶部的翻糖花，首先用花艺胶带把半束翻糖花蕊捆绑固定。

13. 制作花瓣，在不粘板上把象牙色甘佩斯擀开，中间略厚隆起用于组装糖花铁丝。用小号牡丹花瓣切模切出花瓣形翻糖片，再插入一根糖花铁丝。在花径板上压出花径纹路，借助花径制作棒反复碾压使得花瓣边缘出现自然褶皱。制作完成后把花瓣放入浅杯状模具或苹果托盘内晾干。同样方法制作6片小花瓣和9片大花瓣。

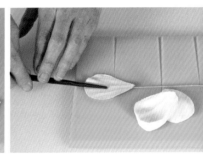

14. 用花艺胶带把6片小花瓣包裹在花蕊外围，6片大花瓣错落包裹6片小花瓣。剩余的花瓣根据需要添加。用尖嘴钳修整糖花铁丝后插入翻糖花插。

15. 把糖花组装在蛋糕顶部，在蛋糕底托侧边围一圈绸带并用双面胶固定。

宝石杯子蛋糕

　　这些可爱的银光闪闪的杯子蛋糕可以做为小礼物送给来参加婚礼的嘉宾们。用裱花嘴裱出的小珠围绕杯子蛋糕一圈，和主体蛋糕相呼应。

　　用可食用胶水把宝石装饰糖黏在杯子蛋糕正中央，四周围一圈银色糖豆，再向外黏合一圈象牙色珍珠装饰。在四周刷一圈可食用胶水，刷胶水宽度范围在6毫米（1/4英寸）左右，撒上白色猫眼石装饰糖。晃一晃去掉多余的装饰糖。在装饰糖外围再刷一圈胶水，黏合一圈翻糖小珠装饰，灰色和珍珠色交替。再向外黏合一圈银色小珠装饰。最外围一圈先刷可食用胶水，再撒上白色猫眼石装饰糖。晃一晃去掉多余装饰糖。

你还需要准备

❀ 杯子蛋糕（口味自选）摆放于银色蛋糕底托里，表面覆盖浅粉色翻糖（翻糖膏）

❀ 可食用宝石装饰糖

❀ 白色猫眼石装饰糖

蝴蝶宝石饼干

这些时尚的蝴蝶形饼干周边装饰银色装饰糖，摆放在银色托盘里很漂亮；也可以独立包装后搭配银色蝴蝶结做为小礼物送给来参加婚礼的嘉宾们。这类饼干表面用白色和灰色糖霜打底后搭配糖豆、翻糖装饰和装饰糖。

你还需要准备

✤ 蝴蝶形香草饼干
✤ 灰色糖霜
✤ 象牙色糖霜
✤ 裱花袋
✤ 1.5号圆形裱花嘴
✤ 灰色和白色猫眼石装饰糖

用1.5号圆形花嘴装入灰色软尖峰糖霜在饼干表面勾边。距离外边向内约6毫米（1/4英寸）再勾一圈边，两条边在蝴蝶翼与躯干交界处汇合。在两条边的间距内涂满灰色糖霜（见121页糖霜饼干章节），立即在糖霜表面撒上灰色猫眼石装饰糖，这样装饰糖可以被黏在糖霜表面。晃一晃去除多余装饰糖后放置一旁晾干。饼干其余部分涂满象牙色糖霜（见121页糖霜饼干章节）。待糖霜晾干后，在蝴蝶头部位置用糖霜裱一个球状，再在身体部位裱一个水滴状，在表面洒满白色猫眼石装饰糖，晃一晃去除多余装饰糖。利用可食用胶水在蝴蝶表面黏合小珠翻糖装饰和珍珠装饰糖。

绘画花卉

　　婚礼通常以绚丽多彩的花朵为主题。以蓝紫色调为主的初夏是飞燕草，麝香豌豆花，矢车菊和轮峰菊盛开的季节。这些花朵也是我这款蛋糕的主题元素。

　　轮峰菊花是一种美丽的野生小花，我想制作一款蛋糕以这种小花为主题。这款蛋糕和由轮峰菊花制作而成的新娘手捧花完美搭配。本书婚礼中所有的花卉都由花艺师，思蒂·埃尔策提供。她总是可以在合适的季节找到合适的花朵装饰婚礼。

"一款美丽又轻松的蛋糕设计，适合夏季婚礼"

轮峰菊花蛋糕

这种高贵的蓝紫色轮峰菊花制作难度较高，但是装饰在蛋糕上很美丽。每一朵花瓣都是独立塑形后组装成花朵再上色粉。花朵制作方法我参考了艾莉森·普罗克特的一本名为《简单糖花》的书。每层蛋糕底部的彩绘设计操作简单且快捷。你在设计蛋糕时可以根据实际情况更改颜色。

材料

❖ 1个10厘米（4英寸）的圆形蛋糕，1个15厘米（6英寸）的圆形蛋糕，1个20厘米（8英寸）的圆形蛋糕，所有蛋糕高度12厘米（4.5英寸），表面覆盖好翻糖，至少提前12~24小时准备好（见107页覆盖翻糖章节）

❖ 1个30厘米（12英寸）的圆形蛋糕底托，表面覆盖白色翻糖，至少提前12~24小时准备好（见108页覆盖蛋糕板章节）

❖ 250克（9盎司）甘佩斯

❖ 食用色膏：圣诞绿色，云杉绿色，紫色，婴儿蓝色

❖ 可食用胶水

❖ 食用色粉：蓝色，紫色

❖ 适量糖霜

工具

❖ 6根中空塑料固定销裁剪成所需尺寸（见110页组装蛋糕章节）

❖ 3厘米（1.25英寸）雏菊切模

❖ 绘画调色板

❖ 半边莲切模，672号（Tinkertech牌）

❖ 透明塑料片

❖ 气泡垫

❖ 圆头工具

❖ 鸡尾酒签（牙签）

❖ 小号色粉刷

❖ 镊子

❖ 翻糖抹平器

❖ 小号裱花袋和1.5号圆形裱花嘴

❖ 15毫米（5/8英寸）宽白色双面绸带

❖ 双面胶

1. 用中空塑料固定销组装三层蛋糕（见110页组装蛋糕章节）

2. 取50克（1.75盎司）甘佩斯，借助圣诞绿色食用色膏调成绿色，擀成1～2毫米（1/16英寸）厚的翻糖片。用雏菊切模切出雏菊形状翻糖，放置一旁晾干。一共需要16片雏菊形翻糖片。

3. 取少量云杉绿色色膏，在调色盘里加水稀释，用2号色粉刷调匀。在每层蛋糕底部从下向上绘画草丛，草丛高度4～5厘米（1.5～2英寸）。起稿的颜色不宜太重，淡淡的就可以。草丛的走向和高度不要太死板，有交叉有高低错落显得比较自然。

4. 每层蛋糕底部草丛起稿完成后，用1号色粉刷蘸取略深的绿色再描绘一次草丛。每层蛋糕底部的草丛都需要加重描绘。在蛋糕上标记稍后摆放蓝紫色菊花的位置。

5. 雏菊形翻糖片彻底晾干后，取绿色甘佩斯制作成豌豆大小的圆球，略压扁后用食用胶水黏合在雏菊翻糖片的正中。

6. 取175克（6盎司）甘佩斯调成蓝紫色。取少量擀成1～2毫米（1/16英寸）的薄片，用半边莲切模切取16片，24片或32片花瓣（每朵花有8片花瓣）。制作花瓣时用透明塑料片覆盖在其他花瓣表面以防止变干。

7. 用小刀把花瓣的尖端切掉，这样花瓣看起来更圆润。把花瓣放在气泡垫上，借助圆头工具软化花瓣。然后把花瓣放在不粘板上借助鸡尾酒签（牙签）在花瓣边缘来回滚动，使得花瓣边缘自然褶皱。

小贴士

用蓝色和紫色糖霜小珠制作花朵代替绘画花朵，这样花朵看起来更有质感。

8. 把花瓣相对的两边向中心对折并用食用胶水黏合，整个花瓣形成一个口袋状。用牙签插入花瓣正中后小心提起花瓣。借助牙签或者色粉刷将花瓣四周向中央挤压。用食用胶水黏合在雏菊翻糖片的四周。每朵花需要8片花瓣，整个蛋糕需要制作16朵花。

9. 取绿色甘佩斯擀成1～2毫米（1/16英寸）薄片，用小刀切成小片。迅速把小片揉小珠，放置一旁晾干。

10. 当8片花瓣都组装完成后，用色粉刷蘸取蓝色和紫色色粉给花瓣上色。注意动作要轻柔，不要破坏花瓣。

11. 取少量绿色甘佩斯加水稀释成膏状，用色粉刷把稀释后的翻糖膏刷在花朵正中。借助镊子把步骤9中制作的绿色小珠摆放在花朵正中，完成花蕊。

12. 取剩下的绿色甘佩斯和剩下的白色甘佩斯混合加入少量云杉绿色色膏。制作花茎的绿色略深，按需添加圣诞绿色色膏。取少量深绿色甘佩斯揉成细条状，长度与蛋糕高度一致。借助翻糖抹平器制作花茎，并把一端修剪成腊肠状。

13. 先用食用胶水在蛋糕上画出花茎端走向，稍有弧度会显得更自然。在把花茎按照胶水的走向黏合在蛋糕上。用小刀修剪花茎顶端。

14. 白色糖霜装入裱花袋内，利用糖霜把花朵黏合在花茎上方。同样的步骤把所有花朵都组装在蛋糕上。

15. 取1.5号圆形花嘴在每层蛋糕底边裱一圈水滴状花边（见123页糖霜裱花章节）。最后在蛋糕底板侧面围一圈绸带并用双面胶固定。

紫色花朵迷你蛋糕

主体蛋糕的简易版可以制作成漂亮的迷你蛋糕，尤其适用于批量制作。每个蛋糕只需要2朵或3朵轮峰菊花。可以把蛋糕单独摆放在餐盘里也可以把所有蛋糕一起摆放在蛋糕架上。

取适量蓝紫色甘佩斯擀成薄片，用花朵切模切出大、小花朵翻糖片。每个蛋糕需要2片大号翻糖片和2片小号翻糖片。把花朵翻糖片置于气泡垫上，借助圆头工具软化花朵边缘。小片花朵黏合在大片花朵表面，放置于褶皱的锡纸内塑形晾干。制作扁圆做为花心，方法见主体蛋糕章节，在花心表面用绿色糖霜裱出花蕊。制作花茎，在蛋糕表面描绘草丛，将花朵组装在蛋糕侧面，方法见主体蛋糕章节。

你还需要准备

✿ 7.5厘米（3英寸）圆形或者方形迷你蛋糕，表面覆盖白色翻糖（见主体蛋糕章节）

✿ 花朵切模（一大一小）

✿ 褶皱的锡纸摆放在平盘里

轮峰菊花杯子蛋糕

　　杯子蛋糕蘸取白色翻糖液后在表面装饰1朵轮峰菊花就可以得到这款精致的杯子蛋糕。摆放在蓝花瓷盘里既漂亮又令人垂涎欲滴。

　　首先制作1朵轮峰菊花，方法见主体蛋糕章节。利用少量糖霜把菊花黏合在杯子蛋糕表面，花心表面用绿色糖霜裱出花蕊。

> **你还需要准备**
>
> ♣ 杯子蛋糕（口味自选）摆放于银色蛋糕底托里，表面蘸取白色翻糖液（见115页翻糖液杯子蛋糕章节）

波尔多礼服

有一次我的一位客户带着卡罗琳·卡斯提亚诺的这款礼服小样来找我,
想让我以这套绝美的礼服为元素做一款婚礼蛋糕,我当时兴奋异常。
象牙白色错综复杂的刺绣搭配美丽的绣花,整套礼服突显高贵。

把婚礼蛋糕制作成礼服效果很有挑战性。
但是我可以提炼出礼服的主要元素稍加简化,
利用糖霜制作出多样的绣花、刺绣,并且把缝合技术应用到蛋糕制作中。

"象牙色婚礼蛋糕
上搭配白色装饰
既经典又现代"

蕾丝婚礼蛋糕

蛋糕层与层之间的空隙是本款蛋糕的亮点。蛋糕之间有了空隙，锯齿状的糖霜就可以悬挂在蛋糕边缘从而模仿礼服裙边的效果。其他装饰主要利用锯齿状切模、城堡形切模、缝合工具和雏菊切模。

材料

* 1个18厘米（7英寸）圆形蛋糕，1个23厘米（9英寸）圆形蛋糕和1个30厘米（12英寸）圆形蛋糕，每个蛋糕高10厘米（4英寸），表面覆盖翻糖，至少提前12~24小时准备好（见104页烘烤和覆盖技巧章节）
* 1个25厘米（10英寸）圆形蛋糕，侧高9厘米（3.5英寸）
* 1个38厘米（15英寸）圆形蛋糕板，表面覆盖象牙色翻糖（见108页覆盖蛋糕板章节）
* 适量糖霜
* 600克（1英镑 5盎司）白色甘佩斯
* 可食用胶水
* 食用色膏：棕色
* 水晶糖

工具

* 2个10厘米（4英寸）圆形蛋糕板
* 2个20厘米（8英寸）圆形蛋糕板
* 2.5厘米（1英寸）象牙色／白色绸带
* 双面胶
* 10根中空塑料固定销裁剪成所需尺寸（见110页组装蛋糕章节）
* 锯齿切模和城堡形切模（FMM）
* 缝合工具
* 气泡垫
* 塑形工具
* 滚刀
* 中号橡树叶切模
* 小号和中号雏菊切模
* 小号裱花袋，1号圆形裱花嘴，2号圆形裱花嘴
* 15毫米（5/8英寸）象牙色/白色双面绸带

1. 用糖霜把2个10厘米（4英寸）的蛋糕板黏合在一起，把2个20厘米（8英寸）的蛋糕板黏合。在蛋糕板周遍围2圈2.5厘米（1英寸）绸带，并用双面胶固定。

2. 中空塑料固定销插入底层和中间两层蛋糕内做支撑（见110页组装蛋糕章节）。

3. 用糖霜把直径30厘米（12英寸）的蛋糕黏合在蛋糕板上。再把20厘米（8英寸）黏合在底层蛋糕表面。由下而上分别摆放直径23厘米（9英寸）和直径18厘米（7英寸）的圆形蛋糕（见110页组装蛋糕章节）。先把10厘米（4英寸）蛋糕板黏合在直径18厘米（7英寸）蛋糕表面后再摆放顶层蛋糕。

4. 取白色甘佩斯擀成3厘米（1.25英寸）的长条。在方便操作的前提下尽量延伸长条的长度[理想长度大约30厘米（12英寸）]。利用锯齿状切模在长条的一侧切出锯齿状花纹。用锋利刀把对侧切出直线。用缝合工具在直边向内3～4毫米（1/8英寸）处压出一排线孔。

5. 用锋利小刀在锯齿花纹上切出向内的切口。把长条放置在气泡垫上，利用塑形工具按压每个锯齿，这样锯齿边缘可以略微上卷。

6. 用色粉刷在顶层蛋糕底部刷一圈食用胶水，把步骤5中制作的带花纹的长条黏合在顶层蛋糕底部。同样的方法为从上向下第三层蛋糕制作底部的围边，确保围边长度足可以包裹直径20厘米（8英寸）一圈。制作围边的时候注意保持锯齿花纹的纹路清晰。

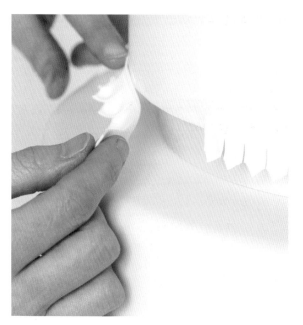

7. 取甘佩斯擀成7.5厘米（3英寸）宽的长条，用城堡形切模切出城垛形状，5个城垛后切断并修正边缘。利用缝合工具沿着边缘向内2毫米（1/16英寸）压出线孔。同样方法再制作4片。同样方法再制作5片略小的长条，每个长条包含3个城垛。利用食用胶水把这些城垛形长条装饰随机黏合在蛋糕表面，先把长条弯成半圆再黏合。

8. 依据步骤4和步骤5介绍的方法制作齿轮形长条装饰，量取合适长度弯成半圆黏合在蛋糕表面，与步骤7中的半圆汇合组成椭圆。

9. 再制作一些齿轮形长条装饰，切掉直线的一边，这样锯齿形状更加明显。利用食用胶水随机地黏合在蛋糕表面。

10. 接下来制作绣花装饰，取甘佩斯擀成薄片，利用锋利的小刀、滚刀和叶子切模制作细长条装饰、叶子装饰和像树叶装饰。利用缝合工具制作缝线效果。把叶子装饰放在气泡垫上利用塑形工具稍做软化后再黏合在蛋糕表面。把这些小装饰黏合在蛋糕表面以填补空隙。

11. 利用雏菊切模切出雏菊形装饰，用缝合工具在表面压出缝线效果。把雏菊装饰放在气泡垫上压出褶皱并黏合在蛋糕上，详细方法见步骤5。制作雏菊的花蕊，取少量花朵甘佩斯用食用色膏调成浅棕色然后揉成豌豆大小的圆球。略微压扁后表面蘸取少量水晶糖。把圆球黏合在雏菊正中央。

12. 小号裱花袋装适量糖霜，用1号圆形裱花嘴在蛋糕表面空白处裱出叶子和叶茎。

13. 小号裱花袋装适量糖霜，用2号圆形裱花嘴在18厘米（7英寸）蛋糕和30厘米（12英寸）蛋糕底部裱出水滴状花边（见123页糖霜裱花章节）。蛋糕底部周边围一圈象牙白色绸带，借助双面胶黏合固定。

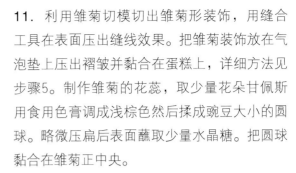

花朵迷你蛋糕

　　利用主体蛋糕的元素装饰迷你蛋糕。小花朵黏合在迷你蛋糕表面，底部的锯齿状花边代替普通绸带，这是一种有趣又独特的装饰手法。

　　用花朵甘佩斯制作锯齿状花边，方法见主体蛋糕章节，围在迷你蛋糕底部。制作雏菊黏合在蛋糕表面，方法见主体蛋糕章节。在花朵间的空白处用糖霜裱叶子和叶脉。

你还需要准备
- ✤ 5厘米（2英寸）圆形迷你蛋糕，表面覆盖象牙色翻糖（见112页迷你蛋糕章节）

礼服饼干

　　根据新娘婚纱制作的礼物饼干深受女士们欢迎。根据自己制作的模板制作饼干使得设计更具个性化。

　　象牙色糖霜在饼干表面勾边后在填充。（见121页糖霜饼干章节）。小号裱花袋装适量白色糖霜，用1号圆形裱花嘴在饼干表面勾画出线条、小锯齿和泪滴状花纹。

你还需要准备

✤ 用礼服模板切取的异形饼干（见126页模板章节）

✤ 糖霜

✤ 象牙色食用色素

新郎来了

婚礼蛋糕的装饰元素不全是花朵和蕾丝。这款新郎蛋糕颠覆了传统的以花朵为主的装饰手法，而是采用褶皱、浮雕等新郎礼服元素做装饰。新郎蛋糕近几年日益流行。随着各种庆典活动日益流行，新郎蛋糕会成为庆典餐桌上最吸引眼球的元素。

新郎蛋糕的主色调通常是黑色、白色和灰色，和新郎的礼服相呼应。本款蛋糕的亮点是顶层的礼帽蛋糕。

"一款完美的服饰
蛋糕会为任何婚礼
甜品台平添优雅"

新郎蛋糕

这款吸引眼球的蛋糕设计亮点在于长条形翻糖、浮雕和一些领结。由于这款蛋糕的颜色种类比较少，不同形状的蛋糕可以使整体看起来更活泼有趣。这款蛋糕的整体风格还是以光滑整洁的线条为主，所以在覆盖每层蛋糕时候要注意蛋糕表面的平整。

材料

- ❦ 1个顶部13厘米（5英寸）、底部10厘米（4英寸）的上宽下窄圆柱形蛋糕,13厘米（5英寸）高（见106页塑形蛋糕章节），表面覆盖灰色翻糖
- ❦ 1个15厘米（6英寸）方形蛋糕，13厘米（5英寸）高，表面覆盖白色翻糖（见107页覆盖翻糖章节）
- ❦ 1个20厘米（8英寸）方形蛋糕，7.5厘米（3英寸），1个25厘米（10英寸）方形蛋糕，14厘米（5.5英寸）高，两层蛋糕分层、夹馅儿、表面覆盖奶油霜并冷藏（见104页蛋糕分层，夹馅儿章节）
- ❦ 1个35厘米（14英寸）方形蛋糕板，表面覆盖黑色翻糖，至少提前12~24小时准备好（见106页覆盖蛋糕板章节）
- ❦ 1个18厘米（7英寸）圆形薄蛋糕板，表面覆盖灰色翻糖，至少提前12~24小时准备好（见108页覆盖蛋糕板章节）
- ❦ 2千克（4磅 7盎司）白色翻糖
- ❦ 1/4标准量糖霜
- ❦ 1千克（2磅 3.5盎司）灰色翻糖
- ❦ 可食用色粉：银色
- ❦ 纯酒精

- ❦ 250克（9盎司）白色花朵甘佩斯
- ❦ 食用胶水
- ❦ 250克（9盎司）黑色花朵甘佩斯
- ❦ 食用色膏：黑色

工具

- ❦ 塑料垫片
- ❦ 尺子
- ❦ 11根中空塑料固定销，根据所需尺寸裁剪（见110页组装蛋糕章节）
- ❦ 玫瑰印模（Patchwork Cutters牌）
- ❦ 15毫米（5/8英寸）黑色双面绸带
- ❦ 双面胶
- ❦ 6毫米（1/4英寸）黑色罗缎双面绸带
- ❦ 普通纸

1. 25厘米（10英寸）蛋糕表面覆盖白色翻糖（见107页覆盖杏仁糖膏和翻糖章节）。借助糖霜把蛋糕黏合在35厘米（14英寸）表面覆盖黑色翻糖的蛋糕板上。借助垫片和尺子在蛋糕侧面做标记，每隔15毫米画一条垂直线。这步操作需要在翻糖未干时完成。

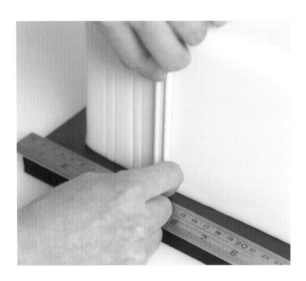

2. 借助中空塑料固定销先组装25厘米（10英寸）层蛋糕，在20厘米（8英寸）方形蛋糕表面覆盖灰色翻糖（见108页方形蛋糕章节）。把20厘米（8英寸）蛋糕借助中空塑料固定销组装在25厘米（10英寸）蛋糕顶部（见110页组装蛋糕章节）。

3. 借助玫瑰印模在20厘米（8英寸）蛋糕表面随机印出玫瑰浮雕。银色色粉加少量酒精，在玫瑰浮雕表面刷银色色粉。

4. 把15厘米（6英寸）蛋糕组装在20厘米（8英寸）蛋糕顶部，连接处用糖霜黏合。

5. 在15厘米（6英寸）蛋糕底部围三层15毫米（5/8英寸）黑色绸带。第一层绸带围在距底边2.5厘米（1英寸）处，第二层绸带围在第一层绸带下方，第三层绸带围在第二层绸带下方，第三层绸带的底边和蛋糕底边重合，所有绸带用双面胶固定。

6. 取一大块白色花朵甘佩斯擀成薄片，用大号尖刀裁取若干宽2.5厘米（1英寸）长15厘米（6英寸）的长条。蛋糕每个侧面需要10条这样的翻糖片和1条翻糖片放置在中央。把长条的一个短边裁切整齐，借助食用胶水把长条垂直黏合在蛋糕每个侧面的边缘，用小刀把长条顶边裁切整齐。最后处理蛋糕转角交界处的翻糖片，使得两片无缝衔接。

7. 从边缘向中央黏合长条翻糖片，每一片压着前一片的边缘，两侧各5片，最终取一条压在蛋糕侧面中央。用小刀把长条顶边裁切整齐。同样的步骤完成15厘米（6英寸）蛋糕的每个侧面。

8. 制作领结，首先取适量黑色花朵甘佩斯擀成薄片，裁切成长25厘米（10英寸）宽6~7厘米（2.5~2.75英寸）的长方形翻糖片。取两条长边中点，将两个点捏合在一起制作出褶皱效果。将两个短边向下折叠。借助食用胶水把领结黏合在长条翻糖片中央。同样的方法装饰蛋糕其他侧面。

9. 步骤8的方法制作一个更扁长的领结，借助食用胶水黏合在第一个领结的表面盖住第一个领结。

10. 黑色花朵甘佩斯擀成薄片，切取长7厘米（2.75英寸）宽4厘米（1.5英寸）的长方形翻糖片，把长方形围在领结中心处，借助食用胶水黏合。放置一旁彻底晾干。

11. 制作黑色长条形翻糖片，围在20厘米（8英寸）蛋糕底部。分两步操作，先裁取2厘米（0.75英寸）宽的长条翻糖片，修整边缘，借助食用胶水黏合在蛋糕底部。

12. 把顶部13厘米（5英寸）上宽下窄圆柱形蛋糕黏合在灰色翻糖覆盖的蛋糕板上。在蛋糕底部围一圈15毫米（5/8英寸）黑色绸带。蛋糕板侧面围一圈黑色罗缎绸带。这样礼帽形蛋糕就完成了。借助中空塑料固定销组装15厘米（6英寸）蛋糕，然后借助糖霜把礼帽形蛋糕黏合在顶部。

小贴士

你也可以选择先在蛋糕上压出玫瑰图案，然后再组装蛋糕。压模图案需要在组装前至少提前12小时完成。

13. 在纸上画出三角形作为底层蛋糕上衣领模板（见126页模板章节）。黑色花朵甘佩斯擀成薄片，借助模板把翻糖片切成三角形。把模板翻面，再切取一个对称的三角形。借助食用胶水把两个三角形翻糖片黏合在底层蛋糕正侧面。注意两个三角形交界处需要对齐。

14. 用黑色食用色膏调取少量黑色糖霜，把领结黏合在20厘米（8英寸）蛋糕和25厘米（10英寸）蛋糕交界处。

15. 底层蛋糕板侧面围一圈黑色绸带，借助双面胶固定。

无尾礼服杯子蛋糕

　　这些迷你杯子蛋糕与时尚的新郎蛋糕相呼应，会给来参加婚礼的嘉宾们带来欢乐。蛋糕上领结的颜色可以更丰富，使得婚礼气氛更活泼。

　　黑色花朵甘佩斯擀成薄片，借助圆形切模切取圆形翻糖片。摆在杯子蛋糕表面目测切去V形衣领的最佳位置。先用尖刀压出痕迹再切掉。把切掉V形剩余的圆形借助食用胶水黏合在杯子蛋糕表面。同样的方法，先目测再压出痕迹，切取翻领。把翻领黏合在蛋糕上。借助领结模具制作迷你领结。借助4号圆形裱花嘴制作礼物钮扣。

你还需要准备
- ✿ 杯子蛋糕配黑色纸托 表面蘸取白色翻糖液 （见115页翻糖液杯子 蛋糕章节）或者表面 覆盖白色翻糖
- ✿ 圆形切模，直径同杯 子蛋糕直径。
- ✿ 领结压模
- ✿ 4号圆形裱花嘴

领结饼干

　　这种领结饼干操作简单，深受男性嘉宾们喜爱。领结表面的线条是用裱花嘴裱出来的，注意线条的干净整洁。

　　黑色糖霜在饼干表面勾边并覆盖（见121页糖霜饼干章节）。糖霜干透后在表面裱出领结勾边和细节（见123页糖霜裱花章节）。

你还需要准备
- ♣ 借助领结模板制作的领结形饼干（见126页模板章节）
- ♣ 黑色糖霜

晚霞马卡龙

彩色气球是轻松风格婚礼上很好的装饰品，给婚礼平添了很多乐趣。
本款婚礼蛋糕的灵感来自于彩色气球。

我最近爱上了马卡龙，用马卡龙来装饰轻松风格的婚礼再合适不过了。
马卡龙脆脆的外壳搭配松软有嚼劲的内层，让人爱不释口。
晚霞下紧密排列的马卡龙是一种简单又经典的装饰方法。

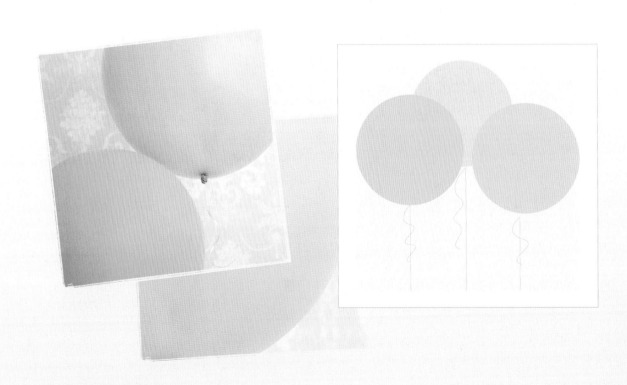

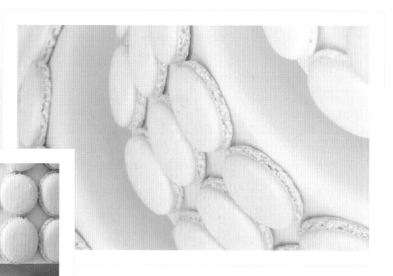

"这种惹人喜爱
的蛋糕既简单
又不失经典"

彩色马卡龙蛋糕

只要掌握了马卡龙的制作方法，做成这款蛋糕就简单多了。我个人喜欢意式马卡龙，热糖浆冲入打发的蛋白内，这种制作方法做出来的马卡龙表皮更酥脆而且操作更简单。影响马卡龙的因素很多，湿度以及烤箱温度都会影响马卡龙的成败。因此做好心里准备，如果第一次不成功多摸索几次就可以了。

材料

* 1个13厘米（5英寸）圆形蛋糕，1个18厘米（7英寸）圆形蛋糕，1个23厘米（9英寸）圆形蛋糕和1个28厘米（11英寸）圆形蛋糕，每个蛋糕10厘米（4英寸）高，分别用黄色、桃色、珊瑚色和粉色翻糖覆盖，提前至少12~24小时制作完成（见107页覆盖翻糖章节）
* 1个35厘米（14英寸）圆形蛋糕板，粉色翻糖覆盖（见108页覆盖蛋糕板章节）
* 1/2标准量的糖霜
* 480克（1磅 1盎司）杏仁粉
* 480克（1磅 1盎司）糖粉
* 360克（13盎司）蛋白，室温放置
* 480克（1磅 1盎司）细砂糖
* 120毫升（4费升盎司）水
* 食用色膏：黄色、桃色、珊瑚色、粉色
* 1/2标准量奶油霜（根据喜好调味），室温放置（见100页蛋糕夹馅儿和蛋糕覆盖章节）

工具

* 10根中空塑料固定销，根据所需尺寸裁剪（见110页组装蛋糕章节）
* 1个10厘米（4英寸）蛋糕板，1个15厘米（6英寸）蛋糕板，1个20厘米（8英寸）蛋糕板和1个25厘米（10英寸）蛋糕板，蛋糕板侧面用12毫米（0.5英寸）金色绸带包裹
* 粉筛
* 电动料理机配搅拌器和搅拌碗
* 糖水温度计
* 大号刮刀
* 大号和中号塑料裱花袋，8毫米（0.25英寸）圆形裱花嘴
* 烤盘内垫油纸
* 15毫米（5/8英寸）金色双面绸带
* 双面胶

1. 向各层蛋糕中插入中空塑料固定销做支撑（见110页组装蛋糕章节）。

2. 借助糖霜，把25厘米（10英寸）蛋糕板黏合在35厘米（14英寸）蛋糕板中央，然后把33厘米（11英寸）蛋糕组装在25厘米（10英寸）蛋糕板上。同样的方法组装各层蛋糕板和蛋糕。最终把13厘米（5英寸）蛋糕放置在10厘米（4英寸）的蛋糕板上。

3. 杏仁粉和糖粉过筛，筛入搅拌盆内。如果过筛一次仍有结块可以再筛一次。

小贴士

如果杏仁粉结块较多，可以先用磨粉机处理一下再过筛。

4. 取一半蛋白（180克／6.5盎司）倒入料理机的打蛋盆中，中速打发至软尖峰状态。

5. 同时，将砂糖和水放入锅中加热至118摄氏度（244华氏度），借助糖水温度计监测温度。将达到温度的糖水缓缓倒入蛋白内继续，此时保持打蛋器继续运转，注意不要把糖水溅到打蛋盆壁上。保持打蛋器运转直至蛋白霜完全冷却，此时的蛋白霜顺滑而且有光泽。

小贴士

如果糖水在锅中开始结晶可以在锅壁上刷水。

6. 把剩余的蛋白倒入杏仁粉内搅拌均匀。加入一半量的蛋白霜，借助大号刮刀以划'8'字的方式搅拌。加入剩余蛋白霜，轻柔搅拌。把搅拌好的马卡龙面糊分成4份，一半用于制作底层蛋糕的马卡龙，1/4用于制作第二层蛋糕的马卡龙，剩下用于制作顶部两层蛋糕的马卡龙。分别加入黄色、桃色、珊瑚色和粉色给马卡龙面糊调色。调色时候注意不要过度搅拌面糊。正常面糊表面是光滑有光泽的。

7. 把马卡龙面糊装入大号裱花袋，组装8毫米（0.25英寸）的圆形裱花嘴。预先在烤盘垫烘焙油纸，在烤盘内挤出直径为2.5～3厘米（1～1.25英寸）的圆饼，尽量保持每个圆饼大小一致。圆饼与圆饼之间间隔至少3厘米（1.25英寸）。放置一旁晾干至少20分钟，圆饼表面形成硬壳。烤箱预热150摄氏度（300华氏度，2档），烤盘放置烤箱中层烤制10～12分钟。入烤箱6分钟后马卡龙会逐渐膨起并出现"裙边"。当触碰表面不会带起面糊时说明烤好了。

8. 出烤箱后把马卡龙放在冷却架上冷却几分钟。从烤盘向冷却架上转移马卡龙要小心，可以借助小刀把马卡龙底部和油纸分离。装入密封盒中保存。同样的方法制作不同颜色的马卡龙，注意确保马卡龙足量（考虑到破损率和大小不一样到情况）。

9. 中号裱花袋内装入适量奶油霜，用来把马卡龙黏合在蛋糕表面。从底层蛋糕开始，逐步完成整个蛋糕的装饰。

小贴士

如果蛋糕底部略脏，可以先在蛋糕底部围一层绸带（建议绸带颜色和蛋糕颜色一致），再装饰马卡龙。

10. 在蛋糕板侧面围一圈15毫米（5/8英寸）金色双面绸带，利用双面胶固定。这款蛋糕就完成了。

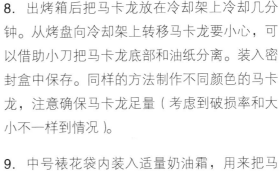

晚霞波尔卡圆点

如果你没有充裕时间制作足量马卡龙，你可以考虑制作相似款，把圆点黏合在蛋糕表面。

把花朵甘佩斯分为3份，分别用食用色膏把甘佩斯调成红色、桃色和黄色。用中空固定销把18厘米（7英寸）蛋糕和10厘米（4英寸）蛋糕组装在一起，并用糖霜黏合固定。在每层蛋糕底部围一圈15毫米（5/8英寸）金色绸带，并用双面胶固定。把红色甘佩斯擀成薄片，借助圆形切模切成圆点，在蛋糕底部围一圈。色粉刷蘸取少量食用胶水，把圆点黏合在蛋糕表面。同样的方法制作桃色圆点和黄色圆点。

你还需要准备

* ♣ 1个10厘米（4英寸）圆形蛋糕和1个18厘米（7英寸）圆形蛋糕，每个蛋糕10厘米（4英寸）高，蛋糕表面覆盖象牙色翻糖。
* ♣ 花朵甘佩斯
* ♣ 2厘米（3/4英寸）圆形切模
* ♣ 食用胶水

金叶马卡龙

　　两片马卡龙中间夹馅儿可以做为这款婚礼蛋糕的附加甜品。当然，这款口感丰富的马卡龙也可以做为一款奢华甜品出现在任何婚礼甜品台。

　　马卡龙夹馅儿装入裱花袋，挤在两片马卡龙中间。夹馅儿的量不易过少，需要保证整体口感。但夹馅儿量也不宜过多，否则整体口感会太甜。在汉堡马卡龙表面点缀少量食用金叶，增加高贵。

你还需要准备

❧ 4~5厘米（1.5~2英寸）马卡龙

❧ 夹馅儿，可选奶油霜、甘那许或果酱

❧ 食用金叶

古典饰品

我发现11号卡尔顿酒店是一个不错的婚礼场地，在这里举办婚礼可以突显婚礼的高贵。
音乐室墙壁上古典而复杂精细的石灰花纹，巧妙地中和了象牙色搭配蓝色的不和谐，
为婚礼提供了最美的场地。本章节的蛋糕和饼干的灵感就源于此。

圆形蛋糕和方形蛋糕的搭配与酒店天花板上半圆形和方形的设计相呼应，
蓝色和象牙色又与酒店的主色调相呼应。

"高贵而美丽，这款古典婚礼蛋糕彰显皇家气质"

浮雕花纹蛋糕

为了保证花纹对称，先在油纸上描绘花纹，并在蛋糕上标记再裱出花纹。这些旋转和弯尾花形的图案可以用同一种裱花方法装饰，先挤出一个圆珠，向一侧拖出一个小尾巴形成泪滴状和C形、S形旋转。当糖霜彻底干透后在表面刷金色色粉，彰显蛋糕的高贵。

材料

❦ 1个12.5厘米（5英寸）圆形蛋糕，1个23厘米（9英寸）圆形蛋糕，每个蛋糕9厘米（3.5英寸）高，表面覆盖蓝色翻糖，至少提前12～24小时准备好（见107页覆盖翻糖章节）

❦ 1个18厘米（7英寸）圆形蛋糕，1个28厘米（11英寸）方形蛋糕，每个蛋糕13厘米（5英寸）高，表面覆盖蓝色翻糖，至少提前12～24小时准备好（见107页覆盖翻糖章节）

❦ 1个35厘米（14英寸）方形蛋糕，9厘米（3.5英寸）高，表面覆盖蓝色翻糖，至少提前12～24小时准备好（见107页覆盖翻糖章节）

❦ 1个40厘米（16英寸）方形承重蛋糕板，或者用2个普通蛋糕板中间用糖霜黏合代替，表面覆盖象牙色翻糖（见108页覆盖蛋糕板章节）

❦ 白油

❦ 1/2标准量糖霜

❦ 食用色膏：象牙色／焦糖色和蓝色（我用婴儿蓝加了少许紫色）

❦ 食用金色色粉

❦ 酒精

工具

❦ 20根中空塑料固定销，裁剪成所需尺寸（见110页组装蛋糕章节）

❦ 透明塑料片

❦ 小号裱花袋，1号、1.5号和2号圆形裱花嘴

❦ 半椭圆模板（见126页模板章节）

❦ 设计模板（见126页模板章节）

❦ 烘焙油纸

❦ 卷尺

❦ 3～4根大头针

❦ 气泡针

❦ 15毫米（5/8英寸）浅蓝色双面绸带

❦ 双面胶

1. 把五层蛋糕组装在蛋糕板上（见110页组装蛋糕章节）

2. 在透明塑料片上涂少量白油。小号裱花袋组装1.5号圆形裱花嘴，装入适量焦糖色糖霜，把透明塑料片垫在模板上方勾出半椭圆的轮廓（见126页模板章节）。取3汤匙糖霜加水稀释，填充轮廓勾画出的面积（见120页流动糖霜章节）。需要准备至少4个半椭圆糖霜片，建议多做一些以防破损。放置一旁晾干。

3. 在烘焙油纸上勾画出花纹图案。

4. 在18厘米（7英寸）蛋糕层上标记，借助卷尺测量标记出4个点，点与点之间距离一致。把18厘米蛋糕层的模板油纸贴在蛋糕侧面，标记点位于模板正中央。借助大头针把模板油纸固定在蛋糕上。借助气泡针在蛋糕表面戳出花纹的走向。操作时注意不要把手印留在蛋糕上。

5. 在28厘米（11英寸）方形蛋糕的每个侧面标记中点，利用上述方法在蛋糕测面戳出花纹走向。

6. 取3个裱花袋，分别组装1号、1.5号和2号圆形裱花嘴，装入适量焦糖色糖霜，参考蛋糕上的标记，在18厘米（7英寸）蛋糕侧面裱出花纹。首先裱出不同尺寸的圆珠，然后再利用裱花嘴拖出所需形状。裱延长曲线时用力挤压裱花袋且保持用力均匀。略大的弯曲曲线和略粗的线条用2号圆形裱花嘴。比较精细的线条用1号圆形裱花嘴。

小贴士

如果你不习惯在组装好的蛋糕上裱花，可以先裱花再组装蛋糕。但是在组装时候需要格外小心，不要破坏裱好的花纹。

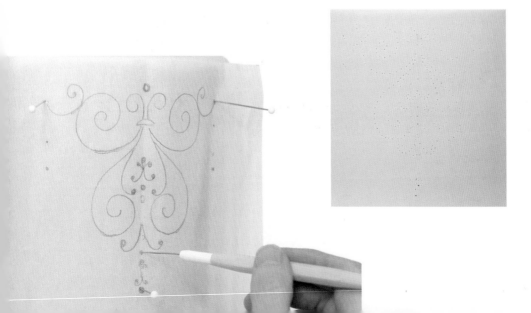

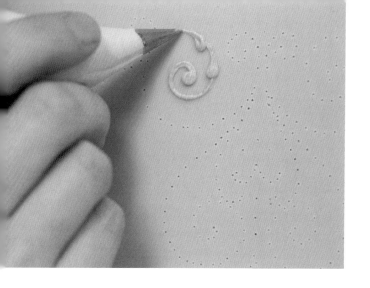

7. 按照上述方法在28厘米（11英寸）方形蛋糕上裱花纹。注意预留出半椭圆糖霜片的空间，半椭圆的两端还有两个小蝴蝶结。

8. 借助卷尺在顶层圆形蛋糕侧面标记，在距离蛋糕底部向上2.5厘米（1英寸）处每隔5厘米（2英寸）做个标记。在每个标记处裱一个圆点，并且在每两个标记中点向下平移1厘米（3/8英寸）处再裱一个圆点。从下层圆点向上层圆点方向裱出泪滴状花纹。

9. 借助卷尺在中层蛋糕侧面做标记，底部向上2.5厘米（1英寸）水平线上每隔2.5厘米（1英寸）处做一个标记。用2号圆形裱花嘴裱出弯曲的泪滴状，两个泪滴汇聚在标记处。相同方法在蛋糕侧面裱一圈。换1.5号圆形裱花嘴在泪滴层下方裱一圈圆点，在泪滴层上方裱小号泪滴和圆点。

10. 借助卷尺在底层蛋糕做标记，每隔2.5厘米（1英寸）做一个标记。利用上述方法裱出泪滴和圆点。

11. 小心将透明塑料片和半椭圆糖霜片分离，借助糖霜黏合在蛋糕侧面。用1号圆形裱花嘴在半椭圆糖霜两端裱出小蝴蝶结，并且裱出一些小泪滴。在半椭圆翻糖片表面裱出3条水滴线条和圆点。

12. 金色色粉叫少量酒精混合调成色粉液，糖霜彻底干透后用色粉刷把所有糖霜花纹刷成金色。

13. 取3汤匙糖霜调成蛋糕翻糖颜色，在每层蛋糕底部裱出水滴状花纹（见123页糖霜裱花章节）。

14. 蛋糕板侧面围一圈绸带并用双面胶固定，这款蛋糕就完成了。

迷你鸢尾花饰蛋糕

　　我选择主体蛋糕上简化的图案来装饰迷你蛋糕。在迷你蛋糕顶面和侧面裱花纹。

　　首先在方形迷你蛋糕的每个面标记中点，这样有助于裱出均匀的花纹。你不需要考虑迷你蛋糕的模板。参考主体蛋糕章节的方法裱出花纹即可。

你还需要准备

❖ 5厘米（2英寸）圆形
　或方形迷你蛋糕，覆
　盖蓝色翻糖（见112
　页迷你蛋糕章节）

奖章饼干

我把这种古典装饰方法应用在简单的饼干上，用焦糖色糖霜在饼干表面裱出曲线和泪滴。这些饼干可以做为小礼物送给前来参加婚礼的嘉宾们。

用蓝色糖霜在饼干表面勾边并填充（见121页糖霜饼干章节）。参考主体蛋糕的图案，在饼干上裱出简单的曲线、圆点和泪滴。糖霜完全晾干后，把花纹刷成金色，方法见主体蛋糕章节。

你还需要准备
- ✤ 4厘米（1.5英寸）圆形切模切取的饼干

花海

克拉里·佩蒂伯恩设计的花卉礼服一直是我最喜欢的新娘礼服风格。
礼服的设计融入了高雅刺绣和有质感的花朵等元素。婚礼礼服的色调也比较新颖。

这款婚礼礼服给予了我很多灵感，让我创作出了这款花海蛋糕。
我把我最喜欢的两种蛋糕装饰元素应用于这款蛋糕上，质感花朵和缠绕花茎。
不同高度的方形蛋糕可以更加自由地摆放花朵。

"在高贵花朵蛋
糕前宣誓，宛若
神话般的婚礼"

花朵婚礼蛋糕

一款高雅的礼服值得用一款精美的大蛋糕来体现礼服出众的细节设计。尽情大胆地去设计这款蛋糕，无需拘谨。把白金色粉刷在花茎和叶子上，尽显金属质感，与礼服的锋线相呼应。

材料

✿ 1个10厘米（4英寸）方形蛋糕，9厘米（3.5英寸）高，1个15厘米（6英寸）圆形蛋糕，10厘米（4英寸）高，1个20厘米（8英寸）方形蛋糕，15厘米（6英寸）高，1个23厘米（10英寸）方形蛋糕，10厘米（4英寸）高，1个33厘米（13英寸）方形蛋糕，11厘米（4.25英寸）高，每个蛋糕表面覆盖象牙色翻糖，至少提前12～24小时准备好（见107页覆盖翻糖章节）

✿ 1个40厘米（16英寸）方形承重蛋糕版板，或者用2个普通蛋糕板中间用糖霜黏合代替，表面覆盖象牙色翻糖（见108页覆盖蛋糕板章节）

✿ 500克（1磅 1.5盎司）白色花朵甘佩斯

✿ 食用色膏：粉嫩色、棕色、暗粉色、婴儿蓝色、象牙色

✿ 食用胶水

✿ 银色糖豆

✿ 1/2标准量糖霜

✿ 酒精

✿ 白金色色粉（我混入了银色色粉和金色色粉）

工具

✿ 21根中空塑料固定销，按照所需尺寸裁剪（见110页组装蛋糕章节）

✿ 65毫米（2.625英寸）牡丹花切模

✿ 花径制作棒

✿ 浅杯状模具或苹果托盘

✿ 小号和中号五瓣玫瑰花切模（FMM）

✿ 花瓣纹理模具

✿ 气泡垫

✿ 蛋糕十头笔

✿ 绘画调色板

✿ 小号报春花切模

✿ 小号裱花袋和1号、1.5号和2号圆形裱花嘴

✿ 圆形切模

✿ 锡纸

✿ 2.5厘米（1英寸）象牙色绸带

✿ 双面胶

1. 首先把五层蛋糕组装在蛋糕板上（见110页组装蛋糕章节）

2. 制作花朵，取适量白色花朵甘佩斯擀开，借助牡丹花切模切出花瓣。每朵花需要6片花瓣。借助花茎制作棒在花瓣上来回滚动压出褶皱。然后把花瓣放在浅杯状模具内塑形晾干。

3. 取200克（7盎司）花朵甘佩斯调成粉嫩色。取一部分粉嫩色甘佩斯擀开，借助大号五瓣玫瑰花切模切出下一层花瓣。借助模具的V型部分压出花瓣上的缺口。再放入花瓣纹理模具内压一下。把花朵放在气泡垫上借助十头笔把花朵中央向下压，使得花朵中央下陷形成小碗状。放置在调色盘内晾干塑形。同样的方法借助小号五瓣玫瑰花切模制作下一层花瓣。

4. 制作花心，取浅粉色花朵甘佩斯，借助小号报春花切模切出花瓣。放在气泡垫上软化花瓣边缘并塑形。借助画刷蘸取少量食用胶水，把银色糖豆黏在花心中央。放置一旁晾干。

5. 小号裱花袋组装1号圆形裱花嘴，装入浅粉色糖霜，在所有五瓣花的边缘勾边。

6. 取白色花朵甘佩斯擀开，借助圆形切模压出圆片。借助食用胶水把最底层白色花瓣黏合在圆片上。由底层向顶层分别黏合大号粉嫩色花瓣、小号粉嫩色花瓣，最后把报春花花瓣黏合在中央。在报春花花瓣边缘裱浅粉色糖霜。放置一旁晾干。

小贴士

　　把花朵放置在浅杯状模具或褶皱的锡纸内有助于花朵塑形。整个5层蛋糕需要16～18朵花。

7. 同样的方法制作16片小号五瓣玫瑰花花瓣和16片报春花花瓣，用来组装双层花。放置一旁晾干。

8. 借助棕色食用色膏把3汤匙糖霜调成焦糖色。小号裱花袋组装2号圆形裱花嘴，装入焦糖色糖霜。从顶层蛋糕顶部开始，边计划好花朵的摆放位置边在逐层蛋糕上裱出花茎。注意每个侧面花茎的衔接。可以把蛋糕稍微倾斜小角度检测花茎是否衔接完好。

小贴士

裱花茎时候如果发现花茎比较容易断裂，可以略微小角度倾斜蛋糕再裱。

9. 制作叶子，在蛋糕上裱出叶子的轮廓，用蘸湿的毛笔向叶子轮廓内刷糖霜。同样的方法刷对面叶子的边缘。

10. 取适量糖霜用粉色色膏调成粉色糖霜。裱花袋组装2号圆形裱花嘴，装入粉色糖霜。利用步骤9的方法描绘粉色花朵。先裱出花苞轮廓，借助蘸湿的毛笔从轮廓向中心刷糖霜。

11. 描绘蓝色小花，取婴儿蓝色色膏把糖霜调成蓝色。裱花袋组装1.5号圆形裱花嘴，装入蓝色糖霜。裱5个泪滴汇聚在中点。用蘸湿的毛笔把糖霜略微压平。待糖霜晾干后，用粉色糖霜随机在蓝花表面裱小圆点，借助蘸湿的毛笔略微压平糖霜。

12. 用象牙色食用色膏把适量糖霜调成象牙色，颜色同主体蛋糕颜色。在每层蛋糕底部裱出水滴状花边。（见123页糖霜裱花章节）。

13. 白金色粉加入几滴酒精调成色粉液，用色粉刷刷在叶子和花茎表面。

14. 借助象牙色糖霜把大号手工翻糖花黏合在蛋糕表面。最后把蛋糕板侧面围一圈象牙色绸带，并用双面胶固定。

花朵翻糖小甜品

方形翻糖小甜品和主体蛋糕很搭。我选择用小号手工翻糖花装饰方形翻糖小甜品，你也可以选择用刷绣法装饰。

取适量象牙色花朵甘佩斯，制作一些小号翻糖花。（方法见主体蛋糕章节步骤3～7）。借助少量象牙色糖霜把小号翻糖花黏合在翻糖小甜品表面，在花朵中央黏合一颗银色糖豆做花心。

你还需要准备

❀ 4厘米（1.5英寸）方形翻糖小甜品，蘸取象牙色翻糖液（见116页翻糖小甜品章节），搭配金色蛋糕纸托。

❀ 象牙色糖霜

绣花饼干

这些美丽至极的小饼干形状和主体蛋糕的五瓣花形状一致。运用刷绣的方法在饼干表面描绘了花朵。

取象牙色花朵甘佩斯擀成3毫米（1/8英寸）的翻糖片，借助切模切出5瓣花的形状，与饼干形状一致。把翻糖片黏合在饼干上，中间夹煮沸并晾凉的杏仁酱或浓缩果酱（果冻）（见121页翻糖覆盖饼干章节）。饼干表面刷绣花朵和花茎，方法同主体蛋糕。

你还需要准备

❦ 饼干切成五瓣花形状，大号五瓣玫瑰花切模（FMM）

❦ 象牙色甘佩斯

❦ 杏仁酱或浓缩果酱（果冻）

"令人难忘的
蛋糕基础"

配方和技法

蛋糕配方

蛋糕不仅要美观，美味可口也同等重要。尽力找到最美味的蛋糕配方，蛋糕的口感会有很大差别。为了保证蛋糕柔软的口感，我们在选择模具尺寸时通常比蛋糕本身的尺寸大2.5厘米（1英寸）。蛋糕的尺寸以及对应的食材用量列举在下一页的表格里，这个配比烤出的蛋糕是9厘米（3.5英寸）高。制作略矮的蛋糕、迷你蛋糕和翻糖小甜品，配方用量会减少（见112页迷你蛋糕和116页翻糖小甜品章节）。35厘米（14英寸）或者更大的蛋糕是由4个略小的蛋糕拼接而成的。所有的蛋糕都需要比实际蛋糕略大一圈。举个例子，制作35厘米（14英寸）的方形蛋糕，你需要准备4个20厘米（8英寸）的方形蛋糕。本章节介绍的配方可以用于制作大部分蛋糕胚。

烘烤蛋糕所需工具

- ❖ 防油纸或烘焙油纸和烤盘
- ❖ 厨房秤
- ❖ 量匙和量杯
- ❖ 料理机
- ❖ 2~3个不同规格的打蛋盆
- ❖ 粉筛
- ❖ 搅拌刀
- ❖ 调色刀
- ❖ 金属签子（蛋糕探针）
- ❖ 炖锅
- ❖ 大号金属勺
- ❖ 保鲜膜

经典海绵蛋糕

制作比较矮的海绵蛋糕时最好把面糊分装在两个烤盘里烤。如果你计划烤3层蛋糕，可以把面糊等分成3份。比较小的蛋糕也可以通过裁剪略大号蛋糕获得。比如15厘米（6英寸）圆形蛋糕可以通过裁剪30厘米（12英寸）的方形蛋糕获得。

1. 烤箱预热160摄氏度/325华氏度/3档，烤盘内垫烘焙油纸（见104页准备烤盘章节）。

2. 黄油和砂糖加入料理机内打发至蓬松。逐步加入鸡蛋，每次加入鸡蛋后都要保证充分混合后再加下一次。根据蛋糕口味加入调味料。

> **小贴士**
>
> 开始制作蛋糕要确保黄油和鸡蛋是室温。

3. 筛入面粉搅拌均匀。

4. 把搅拌盆从料理机上取下，用搅拌刀轻柔混合面糊。将面糊倒入提前准备好的烤盘内，用调色刀或汤匙背面将面糊摊开。

5. 送入烤箱烘烤至用蛋糕探针插入蛋糕测试后完全熟透。烘烤时间因烤箱不同会有差别。通常小蛋糕烘烤20分钟后用蛋糕探针测试，大蛋糕烘烤40分钟后用探针测试。

6. 放置晾凉后脱模，表面包裹保鲜膜后放入冰箱备用。

如果想用大号方形蛋糕切出15厘米（6英寸）圆心蛋糕，需要用8个鸡蛋、400克（14盎司）黄油等制作蛋糕面糊，倒入30厘米（12英寸）的方形烤盘内烘烤；制作13厘米（5英寸）圆形蛋糕或方形蛋糕，需要用7个鸡蛋、350克（12.5盎司）黄油等制作蛋糕面糊，倒入28厘米（11英寸）方形烤盘内烘烤；制作10厘米（4英寸）圆形或方形蛋糕，需要用6个鸡蛋、300克（10.5盎司）黄油等制作蛋糕面糊，倒入25厘米（10英寸）方形烤盘内烘烤。制作塑形蛋糕，配方里增加10%的面粉含量。

更高的蛋糕

制作更高的蛋糕，把配方用量乘以1.5即可。如果烤盘数量有限，可以分2次烤。烤箱出炉后彻底晾凉再脱模。

保质期

海绵蛋糕需要提前24小时做好。如果次日不用可冰箱冷冻保存。经过1～2天的回油后，蛋糕可以常温保存3～4天。

蛋糕尺寸	圆形 13厘米（5英寸） 方形 10厘米（4英寸）	圆形 15厘米（6英寸） 方形 13厘米（5英寸）	圆形 18厘米（7英寸） 方形 15厘米（6英寸）	圆形 20厘米（8英寸） 方形 18厘米（7英寸）	圆形 23厘米（9英寸） 方形 20厘米（8英寸）	圆形 25厘米（10英寸） 方形 23厘米（9英寸）	圆形 28厘米（11英寸） 方形 25厘米（10英寸）	圆形 30厘米（12英寸） 方形 28厘米（11英寸）	圆形 33厘米（13英寸） 方形 30厘米（12英寸）
无盐黄油	150克（5.5盎司）	200克（7盎司）	250克（9盎司）	325克（11.5盎司）	450g（1磅）	525克（1磅2.5盎司）	625克（1磅6盎司）	800克（1磅12盎司）	1千克（2磅3.5盎司）
细砂糖	150克（5.5盎司）	200克（7盎司）	250克（9盎司）	325克（11.5盎司）	450g（1磅）	525克（1磅2.5盎司）	625克（1磅6盎司）	800克（1磅12盎司）	1千克（2磅3.5盎司）
鸡蛋 中等大小（个）	3	4	5	6	9	10	12	14	17
香草精（茶匙）	1/2	1	1	1.5	2	2	2.5	4	4.5
自发面粉	150克（5.5盎司）	200克（7盎司）	250克（9盎司）	325克（11.5盎司）	450g（1磅）	525克（1磅2.5盎司）	625克（1磅6盎司）	800克（1磅12盎司）	1千克（2磅3.5盎司）

经典巧克力蛋糕

这款巧克力蛋糕的配方简单易操作，而且蛋糕口感清爽。把面糊平分成2份倒入2个烤盘里烤。或者制作3层蛋糕可以把面糊平分成3份倒入3个烤盘里烤。这款蛋糕中间夹馅儿选择巧克力甘那许比奶油霜更美味（见101页甘那许章节）

更高的蛋糕

制作更高的蛋糕，把配方用量乘以1.5即可。如果烤盘数量有限，可以分2次烤。烤箱出炉后彻底晾凉再脱模。

保质期

巧克力蛋糕需要提前24小时做好。如果次日不用可冰箱冷冻保存。经过1～2天的回油后，蛋糕可以常温保存3～4天。

1. 烤箱预热160摄氏度/325华氏度/3档，烤盘内垫烘焙油纸（见104页准备烤盘章节）。

2. 面粉、可可粉（无糖可可粉）和泡打粉一起过筛成粉质混合物备用。

3. 黄油和砂糖加入料理机内打发至蓬松。同时，打鸡蛋放置一旁备用。

4. 逐步加入鸡蛋，每次加入鸡蛋后都要保证充分混合后再加下一次。

5. 加入一半的粉质混合物搅拌均匀后加入一半牛奶搅拌均匀。重复上述步骤，再加入另一半的粉质混合物和另一半牛奶搅拌均匀。

6. 借助搅拌刀和勺子把面糊倒入烤盘内。

7. 送入烤箱烘烤至用蛋糕探针插入蛋糕测试后完全熟透。烘烤时间因烤箱不同会有差别。通常小蛋糕烘烤20分钟后用蛋糕探针测试，大蛋糕烘烤40分钟后用探针测试。

8. 放置晾凉后脱模，表面包裹保鲜膜后放入冰箱备用。

蛋糕尺寸	13厘米(5英寸)圆形 / 10厘米(4英寸)方形	15厘米(6英寸)圆形 / 13厘米(5英寸)方形	18厘米(7英寸)圆形 / 15厘米(6英寸)方形	20厘米(8英寸)圆形 / 18厘米(7英寸)方形	23厘米(9英寸)圆形 / 20厘米(8英寸)方形	25厘米(10英寸)圆形 / 23厘米(9英寸)方形	28厘米(11英寸)圆形 / 25厘米(10英寸)方形	30厘米(12英寸)圆形 / 28厘米(11英寸)方形	33厘米(13英寸)圆形 / 30厘米(12英寸)方形
普通面粉	170克（6盎司）	225克（8盎司）	280克（10盎司）	365克（13盎司）	500g（1磅1.5盎司）	585克（1磅4.5盎司）	700克（1磅8.5盎司）	825克（1磅13盎司）	1千克（2磅3.5盎司）
可可粉（无糖）	30克（1盎司）	40克（1.5盎司）	50克（1.75盎司）	65克（2.25盎司）	90克（3.25盎司）	100克（3.5盎司）	125克（4.5盎司）	150克（5.5盎司）	185克（6.5盎司）
泡打粉（茶匙）	1.5	2	2.5	3.25	4.5	5.25	6.25	7.5	9.25
无盐黄油	150克（5.5盎司）	200克（7盎司）	250克（9盎司）	325克（11.5盎司）	450克（1磅盎司）	525克（1磅2.5盎司）	625克（1磅6盎司）	750克（1磅10.5盎司）	925克（2磅0.5盎司）
细砂糖	130克（4.5盎司）	175克（6盎司）	220克（8盎司）	285克（10盎司）	400g（14盎司）	460克（1磅）	550克（1磅3.5盎司）	650克（1磅7盎司）	800克（1磅12盎司）
大号鸡蛋（个）	2.5	3	4	5	7	8.5	10	12	15
全脂牛奶	100毫升（3.5费升盎司）	135毫升（4.5费升盎司）	170毫升（5.75费升盎司）	220毫升（7.5费升盎司）	300毫升（10.25费升盎司）	350毫升（11.75费升盎司）	425毫升（14.5费升盎司）	500毫升（17费升盎司）	600毫升（20费升盎司）

其他口味

经典巧克力蛋糕：

橙子　每2个蛋量配方内加入1个橙子碎。

咖啡液　每2～3个蛋量配方内加入1份意式浓咖啡并且在糖浆里加入咖啡液（见102页糖浆章节）。

巧克力榛子　把配方里10%的面粉换成等重的榛子粉并且蛋糕夹馅儿用巧克力榛子酱和甘那许（见101页甘那许章节）。

其他口味

经典海绵蛋糕：

柠檬　每100克（3.5盎司）糖加入1个柠檬量的柠檬碎。

橙子　每250克（9盎司）糖加入2个橙子量的橙子碎。

巧克力　每100克（3.5盎司）面粉中取10克（0.25盎司）面粉，用10克（0.25盎司）可可粉（无糖可可粉）代替。

香蕉　黄糖代替细砂糖。每100克（3.5盎司）面粉内加入1根香蕉（熟透的香蕉碾成泥）和0.5匙混合香料（苹果牌香料）。

胡萝卜蛋糕

蛋糕中加入胡萝卜碎和山核桃碎后口感丰富。我个人喜欢做两层胡萝卜蛋糕中间夹一层厚厚的奶油霜。这层奶油霜代替一层蛋糕。一般把面糊平分成2份倒入2个烤盘。柠檬口味的奶油霜跟这款胡萝卜蛋糕搭配起来最美味。

小贴士

你可以根据自己喜好用核桃碎、榛子碎或坚果碎代替山核桃碎。

1. 烤箱预热160摄氏度/325华氏度/3档，烤盘内垫烘焙油纸（见104页准备烤盘章节）。

2. 植物油和细砂糖加入料理机内搅拌约1分钟至完全混合。

3. 鸡蛋打入碗内，逐步加入鸡蛋，每次加入鸡蛋后都要保证充分混合后再加下一次。

4. 所有干粉过筛，干粉和胡萝卜碎交替加入混合物内搅拌均匀。

5. 加入坚果碎搅拌均匀。

6. 把面糊等分成2份倒入烤盘内，送入烤箱烘烤20～50分钟，烘烤时间由蛋糕尺寸决定。用蛋糕探针插入蛋糕测试蛋糕是否完全熟透，拿出后探针表面没有面糊说明完全熟透。

7. 放置晾凉后脱模，表面包裹保鲜膜后放入冰箱备用。

更高的蛋糕

制作更高的蛋糕，把配方用量乘以1.5即可。如果烤盘数量有限，可以分两次烤。烤箱出炉后彻底晾凉再脱模。

保质期

胡萝卜蛋糕需要提前24小时做好。如果次日不用可用冰箱冷冻保存。经过1～2天的回油后，蛋糕可以常温保存3～4天。

小贴士

胡萝卜蛋糕口感很润，所以不适合做塑形蛋糕。

蛋糕尺寸	13厘米（5英寸）圆形 10厘米（4英寸）方形	15厘米（6英寸）圆形 13厘米（5英寸）方形	18厘米（7英寸）圆形 15厘米（6英寸）方形	20厘米（8英寸）圆形 18厘米（7英寸）方形	23厘米（9英寸）圆形 20厘米（8英寸）方形	25厘米（10英寸）圆形 23厘米（9英寸）方形	28厘米（11英寸）圆形 25厘米（10英寸）方形	30厘米（12英寸）圆形 28厘米（11英寸）方形	33厘米（13英寸）圆形 30厘米（12英寸）方形
黄糖	135克（4.75盎司）	180克（6.5盎司）	250克（9盎司）	320克（11.5盎司）	385克（13.5盎司）	525克（1磅2.5盎司）	560克（1磅4盎司）	735克（1磅10盎司）	900克（2磅）
植物油	135毫升（4.5费升盎司）	180毫升（6费升盎司）	250毫升（8.5费升盎司）	320毫升（10.75费升盎司）	385毫升（13费升盎司）	525毫升（18费升盎司）	560毫升（19费升盎司）	735毫升（25费升盎司）	900毫升（30.5费升盎司）
鸡蛋中等大小（个）	2	2.5	3	4	5	6.5	7	9	11
自发粉	200克（7盎司）	275克（9.5盎司）	375克（13盎司）	480克（1磅1盎司）	590克（1磅5盎司）	775克（1磅11.5盎司）	850克（1磅14盎司）	1.1千克（2磅7盎司）	1.35千克（3磅）
混合香料（苹果派香料）（茶匙）	1	1.5	2	2.5	3	4	4.5	5.5	5.75
苏打粉（茶匙）	0.25	0.5	0.75	0.75	1	1	1.25	1.5	2
胡萝卜碎	300克（10.5盎司）	385克（13.5盎司）	525克（1磅2.5盎司）	675克（1磅8盎司）	825克（1磅13盎司）	1.05千克（2磅5盎司）	1.2千克（2磅11盎司）	1.5千克（3磅5盎司）	1.8千克（4磅）
山核桃碎	65克（2.25盎司）	85克（3盎司）	120克（4.25盎司）	150克（5.5盎司）	175克（6盎司）	240克（8.5盎司）	270克（9.5盎司）	350克（12.5盎司）	425克（15盎司）

传统水果蛋糕

尝试过很多种水果蛋糕的配方，这个配方是我自己最喜欢的。你可以根据自己喜好更换水果干的品种或者直接食用混合水果干。你还可以根据自己喜好更换酒的品种，我自己最喜欢等量的樱桃白兰地和普通白兰地混合使用。朗姆酒、雪利酒和威士忌酒都是不错的选择。

你需要至少提前24小时把水果干和混合果皮浸泡在酒精溶液里。理想的情况是提前至少1个月烤制蛋糕使得蛋糕充分入味。每周在蛋糕上刷一层酒精溶液使得蛋糕口感润泽。

1. 烤箱预热150摄氏度/300华氏度/2档，小蛋糕烤盘内垫两层烘焙油纸，大蛋糕烤盘内垫3层烘焙油纸（见104页准备烤盘章节）。

2. 黄油、砂糖、柠檬碎和橙子碎加入料理机内打发至蓬松。再向浸泡的果干和果皮内加入橙汁。

3. 逐步加入鸡蛋，每次加入鸡蛋后都要保证充分混合后再加下一次。

4. 面粉和香料过筛，一半干粉和一半浸泡过的果干加入蛋糕混合物内搅拌均匀。再加入剩下的材料搅拌均匀。

5. 加入杏仁和糖浆后搅拌均匀。将混合均匀的蛋糕面糊倒入烤盘内。

6. 在烤盘表明覆盖烘焙油纸，送入烤箱烘烤至蛋糕完全熟透。蛋糕探针插入蛋糕拿出后表面没有带出任何面糊表明蛋糕完全熟透。

7. 从烤箱取出后在蛋糕表明喷洒酒精混合液，放置一旁晾凉。

8. 脱模后在蛋糕表明包裹一层油纸保存。

保质期

水果蛋糕至少提前4～6周做好，这样可以保证充足的时间回油。水果蛋糕可以保存9个月，冷冻后保质期更长。

更高的蛋糕

不幸的是，我们没有办法制作高于烤盘的水果蛋糕。如果你想增高水果蛋糕的高度，可以通过垫高蛋糕板的办法实现（利用糖霜将两层蛋糕板黏合）或者在蛋糕表面加一层厚厚的杏仁蛋白软糖。所有的水果蛋糕表明都会加一层杏仁蛋白软糖。

蛋糕尺寸	10厘米（4英寸）圆形／（4英寸）方形	13厘米（5英寸）圆形／10厘米（4英寸）方形	15厘米（6英寸）圆形／13厘米（5英寸）方形	18厘米（7英寸）圆形／15厘米（6英寸）方形	20厘米（8英寸）圆形／18厘米（7英寸）方形	23厘米（9英寸）圆形／20厘米（8英寸）方形	25厘米（10英寸）圆形／23厘米（9英寸）方形	28厘米（11英寸）圆形／25厘米（10英寸）方形	30厘米（12英寸）圆形／28厘米（11英寸）方形	33厘米（13英寸）圆形／35厘米（14英寸）方形
无核小葡萄干	100克（3.5盎司）	125克（4.5盎司）	175克（6盎司）	225克（8盎司）	300克（10.5盎司）	375克（13盎司）	450克（1磅）	550克（1磅3.5盎司）	660克（1磅7.5盎司）	875克（1磅15.5盎司）
葡萄干	125克（4.5盎司）	150克（5.5盎司）	200克（7盎司）	275克（9.5盎司）	350克（12.5盎司）	450克（1磅）	555克（1磅）	675克（1磅8盎司）	800克（1磅12盎司）	1千克（2磅3.5盎司）
黄金葡萄干	125克（4.5盎司）	150克（5.5盎司）	200克（7盎司）	275克（9.5盎司）	350克（12.5盎司）	450克（1磅）	555克（1磅）	675克（1磅8盎司）	800克（1磅12盎司）	1千克（2磅3.5盎司）
蜜渍樱桃	40克（1.5盎司）	50克（1.75盎司）	70克（2.5盎司）	100克（3.5盎司）	125克（4.5盎司）	150克（5.5盎司）	180克（6.5盎司）	200克（7盎司）	250克（9盎司）	330克（7盎司）
混合果皮	25克（1盎司）	30克（1盎司）	45克（1.5盎司）	50克（1.75盎司）	70克（2.5盎司）	85克（3盎司）	110克（4盎司）	125克（4.5盎司）	150克（5.5盎司）	195克（7盎司）
樱桃白兰地和普通白兰地混合液（茶匙）	2	2.5	3	3.5	5	6	7	8	9	13
低盐黄油	100克（3.5盎司）	125克（4.5盎司）	175克（6盎司）	225克（8盎司）	350克（12.5盎司）	375克（13盎司）	450克（1磅）	550克（1磅3.5盎司）	660克（1磅7.5盎司）	875克（1磅15.5盎司）
黄糖	100克（3.5盎司）	125克（4.5盎司）	175克（6盎司）	225克（8盎司）	350克（12.5盎司）	375克（13盎司）	450克（1磅）	550克（1磅3.5盎司）	660克（1磅7.5盎司）	875克（1磅15.5盎司）
柠檬（切碎）（个）	0.25	0.5	0.75	1	1.5	2	2	2.5	3	4
小橙子（切碎）（个）	0.25	0.5	0.75	1	1.5	2	2	2.5	3	4
橙子（榨汁）（个）	0.25	0.25	0.5	0.5	0.75	0.75	1	1.5	1.5	2
鸡蛋中等大小（个）	2	2.5	3	4.5	6	7	8.5	10	12	16
普通面粉	100克（3.5盎司）	125克（4.5盎司）	175克（6盎司）	225克（8盎司）	350克（12.5盎司）	375克（13盎司）	450克（1磅）	550克（1磅3.5盎司）	660克（1磅7.5盎司）	875克（1磅15.5盎司）
混合香料（苹果派香料）（茶匙）	0.5	0.5	0.75	0.75	1	1.25	1.5	1.5	1.75	2.5
豆蔻粉（茶匙）	0.25	0.25	0.5	0.5	0.5	0.75	0.75	1	1	1.5
杏仁粉	10克（0.25盎司）	15克（0.5盎司）	20克（0.75盎司）	25克（1盎司）	35克（1.25盎司）	45克（1.5盎司）	55克（2盎司）	65克（2.25盎司）	75克（2.75盎司）	100克（3.5盎司）
杏仁片	10克（0.25盎司）	15克（0.5盎司）	20克（0.75盎司）	25克（1盎司）	35克（1.25盎司）	45克（1.5盎司）	55克（2盎司）	65克（2.25盎司）	75克（2.75盎司）	100克（3.5盎司）
黑糖浆（茶匙）	0.5	0.75	1	1.5	1.5	1.75	2	2.5	3	4
烘烤时间（小时）	2.5	2.75	3	3.5	4	4.5	4.75	5.5	6	7

蛋糕夹馅儿和蛋糕覆盖

蛋糕夹馅儿可以丰富蛋糕的口感并且增加蛋糕的湿润度。奶油霜和调味甘那许是最常见的两种蛋糕夹馅儿。用这里介绍的两款夹馅儿配方制作的蛋糕都可以常温保存，无需低温冷藏。甘那许通常被用作巧克力蛋糕的夹馅儿。

奶油霜和甘那许也会被覆盖在蛋糕表面和侧面，然后再覆盖翻糖皮。这样做可以填补蛋糕表面的空隙，使得蛋糕表面光滑完整，为下一步覆盖翻糖皮打好基础。

其他口味

经典巧克力蛋糕：

柠檬 加入1个柠檬量的柠檬碎

橙子 加入1个橙子量的橙子碎

巧克力 加入90克（3.25盎司）融化的白巧克力、牛奶巧克力或黑巧克力（半甜或苦甜）

百香果 加入1茶匙浓缩百香果

咖啡 加入1茶匙咖啡浓缩液

杏仁 加入几滴杏仁浓缩液

还可以加入果酱（果冻）或者在奶油霜表面抹一层果酱。比如在香草奶油霜表面抹一层树莓果酱。

奶油霜

约500克（1磅1.5盎司）的奶油霜可以制作18～20厘米（7～8英寸）的圆形或方形分层蛋糕，或者20～24个杯子蛋糕。

材料

❖ 170克（6盎司）无盐或低盐黄油，室温软化

❖ 340克（12盎司）糖粉

❖ 2汤匙水

❖ 1茶匙香草精或者其他口味（见左侧）

工具

❖ 电子打蛋器

❖ 刮刀

1. 黄油和糖粉加入到打蛋盆里，用电子打蛋器搅拌均匀。开始低速，避免糖粉到处飞溅。

2. 加入水和香草精或其他调味料后提高打蛋器的速度，搅拌至黄油发白，面积膨发。

3. 制作好的奶油霜放入密封容器里冰箱冷藏保存可保存2周。

甘那许

这种香滑的夹馅儿是用巧克力和奶油制作而成的。选择高品质的巧克力很重要，可可脂含量需要在53%以上才能保证口感。

500克（1磅1.5盎司）的甘那许可以制作18~20厘米（7~8英寸）的圆形或方形分层蛋糕，或20~24个杯子蛋糕。

材料

* 250克（9盎司）黑巧克力（半甜或苦甜），切碎
* 250克（9盎司）高浓度鲜奶油

工具

* 汤锅
* 搅拌盆
* 刮刀

1. 把巧克力碎放入搅拌盆内。

2. 奶油倒入汤锅内煮沸，然后倒入巧克力碎。

3. 搅拌至巧克力完全融化并且和奶油完全融合后离火。放置一旁晾凉。

4. 冰箱冷藏保存可保存1周。

小贴士

使用奶油霜或甘那许前要提前从冰箱里拿出来室温回温，可能甚至需要稍微加热保证好涂抹。

白巧克力甘那许

白巧克力甘那许代替奶油霜，是重海绵蛋糕（蛋糕的面粉含量更多）夹馅儿的不错选择。上述配方中的黑巧克力（半甜或苦甜）替换为白巧克力，鲜奶油量减半。如果只做少量，先把白巧克力融化再加入煮沸的奶油中搅拌均匀。

糖浆

　　把糖浆刷在海绵蛋糕上可以增加蛋糕的湿润度。糖浆用量依据个人喜好。如果你觉得蛋糕很干，就多刷些糖浆。但是注意不要刷过多的糖浆，否则蛋糕会太甜太粘影响口感。以下配方的用量可以制作1个20厘米（8英寸）分层圆形蛋糕（如果制作20厘米／8英寸的方形蛋糕需要的略多的糖浆），25个翻糖小甜品或20～24个杯子蛋糕。

材料

❧　85克（3盎司）糖粉

❧　80毫升（2.75费升盎司）水

❧　调味料（非必需，见下文）

工具

❧　汤锅

❧　金属勺

1. 糖粉和水加入汤锅内煮沸，搅拌1～2两次。

2. 加入调味料后放置一旁晾凉。倒入密封盒中冷藏保存可保存1个月。

小贴士

　　为丰富糖浆口感，可以添加诸如柑曼怡、安摩拉多和柠檬酒等。

其他口味

香草　加入1茶匙高品质香草精

柠檬　用新鲜压榨的柠檬汁代替配方中的水

橙子　用新鲜压榨的橙汁代替配方中的水

蛋糕比例指导

　　下表罗列了不同尺寸蛋糕需要的配方比例。比例是以2.5厘米（1英寸）宽、9厘米（3.5英寸）高的蛋糕为基本单位制定的。你可以选择制作小比例水果蛋糕，口感会更浓郁。

蛋糕尺寸	10厘米（4英寸）		13厘米（5英寸）		15厘米（6英寸）		18厘米（7英寸）		20厘米（8英寸）		23厘米（9英寸）		25厘米（10英寸）		28厘米（11英寸）	
形状	圆	方	圆	方	圆	方	圆	方	圆	方	圆	方	圆	方	圆	方
比例	5	10	10	15	20	25	30	40	40	50	50	65	65	85	85	100

蛋糕夹馅儿和表面覆盖用量

　　下表罗列出不同尺寸蛋糕和杯子蛋糕所需奶油霜或甘那许用量，用作蛋糕夹馅儿和表面覆盖（见100页奶油霜和101页甘那许章节）。

蛋糕尺寸	10厘米（4英寸）	13厘米（5英寸）10—12个杯子蛋糕	15厘米（6英寸）	18厘米（7英寸）	20厘米（8英寸）	23厘米（9英寸）	25厘米（10英寸）	28厘米（11英寸）
奶油霜或甘那许	175克（6盎司）	250克（9盎司）	350克（12.5盎司）	500克（1磅1.5盎司）	650克（1磅7盎司）	800克（1磅12盎司）	1.1千克（2磅7盎司）	1.25千克（2磅8盎司）

烘烤和覆盖技巧

准备烤盘

准备制作蛋糕前你需要把烤盘底部和侧面铺好油纸，这样有利于脱模。

1. 在烤盘内部涂抹少量融化的黄油或葵花子油，再铺油纸时可以把油纸固定在烤盘内同时可以防止油纸褶皱。

2. 圆形蛋糕：现在准备烤盘底部的油纸，把烤盘放在油纸上，用可食用铅笔在油纸上画出烤盘的形状并裁剪成适合烤盘大小的圆形，放置一旁。另取油纸裁剪成一条宽至少9厘米（3.5英寸）的长方形。在长边向中心方向1厘米（3/8英寸）处折叠并压实，然后展开。在被折叠的一边每隔2.5厘米（1英寸）剪一个切口，切口深度接近折线。把长方形油纸贴在烤盘侧面，整理底部使折叠边更好贴合烤盘底部，再把圆形油纸压在烤盘底部并整理平整。

3. 方形蛋糕：先把一张油纸放在烤盘顶部，裁剪出一个正方形，每条边都比烤盘向外延伸7.5厘米（3英寸）。每条边向对边方向剪出切口。把油纸铺在方形烤盘底部，侧面折角处折叠。

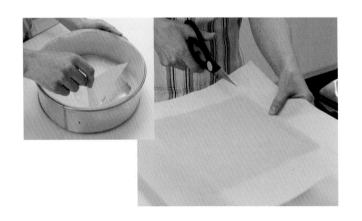

蛋糕分层，夹馅儿和为覆盖翻糖做准备

覆盖翻糖前处理蛋糕这一步至关重要，直接影响蛋糕表面的平整度。海绵蛋糕通常会分成2～3层（见92页经典海绵蛋糕章节），但是水果蛋糕通常不分层（见98页传统水果蛋糕章节）

材料	工具
❖ 奶油霜或甘那许（见奶油霜和甘那许章节），用于夹馅儿和抹面	❖ 蛋糕分片器
	❖ 长锯齿刀
	❖ 尺子
❖ 糖浆（见糖浆章节），用于刷在蛋糕上	❖ 小号去皮刀（非必须）
	❖ 蛋糕板，切菜板或大号蛋糕板
❖ 果酱（果冻），用于夹馅儿（非必须）	❖ 蛋糕转台
	❖ 调色刀
	❖ 糕点刷

1. 把蛋糕表面上色较深的那层皮切掉。如果你有两个等高的海绵蛋糕，借助蛋糕分片器把两个蛋糕修整成高度完全一致。如果当初烘烤时1/3的面糊在一个烤盘里，另外2/3面糊在另外一个烤盘里。借助锯齿刀或蛋糕分片器把较高的那个蛋糕等分成两层，最终得到3层。或者你可以把3个略大尺寸的方形蛋糕切成3层圆形，如下页图中所示。分层完成后把3层蛋糕放在厚度为1.25厘米（0.5英寸）的蛋糕板上，最终海绵蛋糕层的总高度约为9厘米（3.5英寸）。

2. 烤制的蛋糕直径需要比蛋糕板直径大2.5厘米（1英寸）（见92页经典海绵蛋糕章节）。根据蛋糕板尺寸裁切蛋糕（蛋糕板尺寸为蛋糕目标尺寸）。裁切蛋糕时注意垂直水平面下刀以保证蛋糕上下大小一致。圆形蛋糕用小号去皮刀，方形蛋糕用锯齿刀。

3. 把3层蛋糕摆在一起检查大小是否一致，如果不一致修整到大小一致。把蛋糕板放在蛋糕转台上。如果蛋糕板比蛋糕转台尺寸小，可以把蛋糕板放在切菜板或更大尺寸到蛋糕板上后再置于蛋糕转台上。如果需要可以使用防滑垫。

4. 用中号调色刀取少量奶油霜或甘那许抹在蛋糕板表面，再把第一层蛋糕摆在蛋糕板上，借助奶油霜或甘那许把蛋糕黏合在蛋糕板上。在蛋糕表面刷糖浆，糖浆用量依据个人喜好而定，如果想让蛋糕更湿润可以多刷些糖浆。

5. 在蛋糕表面平铺一层约3厘米（1/8英寸）厚的奶油霜或甘那许，根据个人喜好再薄薄抹一层果酱（果冻）。

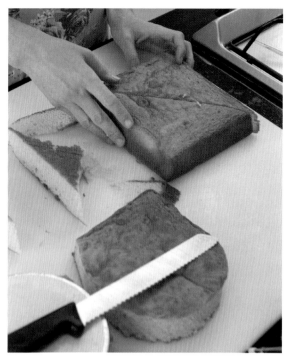

6. 每层蛋糕都重复上述步骤。最终在顶层蛋糕表面刷适量糖浆。

小贴士

注意蛋糕夹层不要涂抹过多的夹馅儿，因为蛋糕承重后会略微下沉，如果夹馅儿过多受重后会向外隆起。

7. 蛋糕侧面和顶面抹一层奶油霜或甘那许，注意只需要薄薄的一层。如果在涂抹奶油霜时发现有蛋糕屑粘在抹刀上影响操作，可以把蛋糕放入冰箱内冷藏约15分钟后再薄薄覆盖一层奶油霜。这种薄薄的"蛋糕外衣"对于塑形蛋糕尤为重要（见下文）。

8. 准备好的蛋糕胚子放入冰箱冷藏至少1小时后再考虑覆盖翻糖皮或杏仁糖。如果蛋糕尺寸较大，需要延长冷藏时间。

塑形蛋糕

　　紧实的蛋糕或者接近冷冻的蛋糕比较容易塑形，因此通常在塑形前用保鲜膜包裹后放入冰箱冷冻。这个方法可以用来制作新郎款蛋糕，详细方法见相应章节（见58页新郎来了章节）。当你准备制作异形蛋糕时，一点一点切除多余的蛋糕，以免切除过多，这一点新手尤其需要注意。当你把蛋糕切出需要的形状后，在蛋糕表面涂抹一层奶油霜，如果是巧克力蛋糕可以涂抹甘那许，填补蛋糕表面的空洞（见上图）。放入冰箱冷藏至表面奶油霜被冻硬后便可在表面覆盖翻糖了。

覆盖杏仁糖膏和翻糖

在蛋糕表面覆盖翻糖前一定要确保蛋糕表面涂抹冻奶油霜或甘那许是光滑平整的（见上文），因为如果蛋糕表面有任何不平整，覆盖翻糖后也会不平整。你可以在必要的时候选择覆盖第二层翻糖，或者先覆盖一层杏仁糖膏再覆盖一层翻糖。

材料

❖ 杏仁糖膏（非必须）

❖ 翻糖（翻糖膏）

❖ 糖粉，用于撒粉（非必须）

工具

❖ 烘焙油纸

❖ 剪刀

❖ 大号不粘擀面杖

❖ 大号不粘板和防滑垫（非必须）

❖ 糖霜或杏仁糖膏垫片

❖ 气泡针

❖ 翻糖抹平器

❖ 小号尖刀

圆形蛋糕

1. 裁剪油纸成一个圆形，油纸直径比蛋糕直径大7.5厘米（3英寸）。把蛋糕放在油纸上。

2. 把杏仁糖膏或翻糖捏软，在大号不粘板上把杏仁糖膏或翻糖擀开，通常不需要撒糖粉。也可以在工作台上撒少量糖粉再操作。擀翻糖时候借助翻糖垫片把翻糖的厚度控制在5毫米（3/16英寸）左右。擀翻糖的过程中借助擀面杖把翻糖抬起转个角度继续擀。尽量把翻糖擀成圆形，覆盖蛋糕更容易操作。

3. 借助擀面杖把擀好的翻糖抬起后覆盖在蛋糕表面。用手迅速并轻柔地把蛋糕表面和侧面的翻糖抚平。尽量让翻糖完全贴合蛋糕，如果有气泡可以借助气泡针去除气泡。

4. 当翻糖覆盖在蛋糕表面后用翻糖抹平器在蛋糕顶部转圈以抹平翻糖表面。同样转圈的方式抹平蛋糕侧面。把蛋糕底部多余的翻糖切除。借助小号剪刀把蛋糕边缘修整齐。最后再借助抹平器把蛋糕抹平以保证蛋糕表面完全平整。

方形蛋糕

覆盖方形蛋糕的方法与圆形蛋糕类似，需要注意的是转角处的翻糖容易撕裂。抚平蛋糕侧面的时候先用手包裹转角，再向下抚平翻糖。如果不幸翻糖在转角处撕裂，迅速用柔软的翻糖弥补。

> **小贴士**
>
> 覆盖蛋糕时动作要迅速，因为翻糖在操作时就开始变干变脆。剩下的翻糖放在塑料袋内保存好，防止变干。

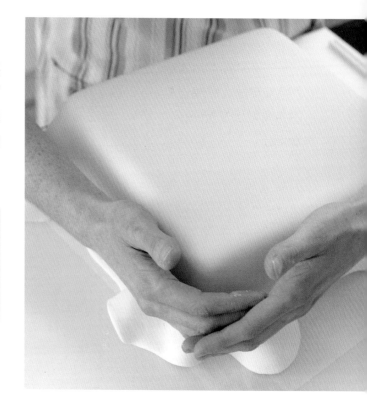

覆盖蛋糕板

用翻糖覆盖蛋糕板和覆盖蛋糕的方法差别较大。注意选择覆盖在蛋糕板上的翻糖颜色，需要和蛋糕设计相呼应。

在蛋糕板表面喷洒少量水。借助翻糖或杏仁糖膏垫片把翻糖擀成4毫米（1/8英寸）厚的翻糖片。借助擀面杖把擀好的翻糖抬起平铺在蛋糕板上。把蛋糕板放置在蛋糕转台上或移到操作台边缘，使得翻糖悬在蛋糕侧面。蛋糕抹平器沿蛋糕板侧面由上向下抹一周，抹出光滑的侧边。切除多余的翻糖。用翻糖抹平器在蛋糕板表面转圈使得蛋糕板表面光滑平整。放置一旁过夜晾干。

杏仁糖膏和翻糖用量

下表列出了覆盖不同尺寸蛋糕和蛋糕板所需翻糖用量；方形蛋糕比圆形蛋糕所需用量略大。如果你覆盖蛋糕的手法不是很娴熟，可以多准备一些翻糖。下表列出的用量可以覆盖9厘米（3.5英寸）高的蛋糕。如果要覆盖更高的蛋糕，翻糖用量适量增加。

覆盖蛋糕

蛋糕尺寸	15厘米（6英寸）	18厘米（7英寸）	20厘米（8英寸）	23厘米（9英寸）	25厘米（10英寸）	28厘米（11英寸）	30厘米（12英寸）	35厘米（14英寸）
覆盖蛋糕（杏仁糖膏/翻糖）	650克（1磅7盎司）	750克（1磅10盎司）	850克（1磅14盎司）	1千克（2磅3.5盎司）	1.25千克（2磅12盎司）	1.5千克（3磅5盎司）	1.75千克（3磅13盎司）	2.25千克（5磅）

覆盖蛋糕板

蛋糕板尺寸	23厘米（9英寸）	25厘米（10英寸）	28厘米（11英寸）	30厘米（12英寸）	33厘米（13英寸）	35厘米（14英寸）	40厘米（16英寸）
覆盖蛋糕板	600克（1磅5盎司）	650克（1磅7盎司）	725克（1磅9.5盎司）	850克（1磅14盎司）	1千克（2磅3.5盎司）	1.2千克（2磅11盎司）	1.5千克（3磅5盎司）

在蛋糕板侧面固定绸带

根据主体蛋糕的设计和色调选择绸带黏合在蛋糕板侧面。我选择宽度为15毫米（3/8英寸）的绸带。借助双面胶把绸带黏合在蛋糕板侧面。

> **小贴士**
>
> 方形蛋糕板可以选择在转角两侧和每个侧边中央贴双面胶固定绸带。

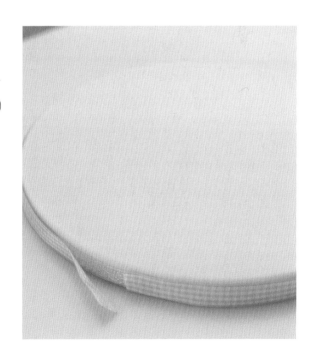

组装蛋糕

把蛋糕组装在一起并不复杂，但是确保蛋糕组装后结构稳定需要正确的方法。我喜欢用中空塑料固定销做支撑，因为这种固定销比较坚固，而且可以根据所需高度裁剪。如果蛋糕尺寸较小可以用略细的固定销。一般圆形蛋糕用3根固定销，方形蛋糕用4根固定销。大尺寸蛋糕需要更多根固定销做支撑。

材料

❧ 硬尖峰糖霜
❧ 翻糖覆盖的蛋糕板（见108页覆盖蛋糕板章节）

工具

❧ 蛋糕顶部标记模版
❧ 气泡针或标记工具
❧ 中空塑料固定销
❧ 可食用铅笔
❧ 大锯齿刀
❧ 裸蛋糕板
❧ 水平仪
❧ 翻糖抹平器

1. 借助蛋糕顶部标记模版找到最底层蛋糕的中心。

2. 用气泡针或标记工具在蛋糕上标记插入固定销的位置，支撑点的位置应在顶层蛋糕直径范围内。

3. 在标记的位置把固定销插入蛋糕，用可食用铅笔在固定销上标记蛋糕顶部的位置。

小贴士

如果你的蛋糕表面略微有些不平，把固定销插入蛋糕最高的位置。

4. 拔出固定销，在标记处把固定销裁剪成所需长度。把其他固定销裁剪成同等长度插入蛋糕内。把裸蛋糕板放在固定销上，借助水平仪检查所插入固定销的高度是否相同。

5. 借助硬尖峰糖霜把底层蛋糕黏合在提前准备好的蛋糕板中央。可以借助翻糖抹平器调整蛋糕的位置。待糖霜把底层蛋糕和蛋糕板很好地黏合后再组装下一层蛋糕。同样的方法组装第三层蛋糕。

小贴士

有时候婚礼蛋糕会使用蛋糕假体代替实体蛋糕，通常比较大的婚礼蛋糕会使用蛋糕假体。如果使用蛋糕假体不需要用固定销做支撑。

固定销

在每层蛋糕里插入固定销的数目依据蛋糕尺寸而定。下表可供参考。

蛋糕尺寸	15 厘米 （6 英寸）	20 厘米 （8 英寸）	25 厘米 （10 英寸）	30 厘米 （12 英寸）	35 厘米 （14 英寸）
固定销数目	3~4	3~4	4~5	5~6	8

迷你蛋糕

裁切大尺寸蛋糕可以得到迷你蛋糕（见92页蛋糕配方章节），跟大尺寸蛋糕一样经过分层、夹馅儿和覆盖翻糖。通常先烤制一个方形蛋糕，然后裁切成迷你圆形蛋糕或迷你方形蛋糕。大蛋糕的尺寸由迷你蛋糕的数目和尺寸决定。通常烤制的蛋糕比实际需要略大。制作9个5厘米（2英寸）的方形迷你蛋糕（我常用的迷你蛋糕尺寸），你需要1个18厘米（7英寸）的方形蛋糕。制作迷你蛋糕时候把配方中所有用量乘以2/3，因为迷你蛋糕比普通蛋糕略矮。所有面糊倒入一个烤盘内烘烤，不要分盘烤。

材料

❖ 大尺寸方形经典海绵蛋糕或经典巧克力蛋糕（见蛋糕配方章节）

❖ 糖浆（见糖浆章节）

❖ 奶油霜或甘那许（见奶油霜和甘那许章节）

❖ 翻糖（见翻糖章节）

工具

❖ 蛋糕分层器

❖ 圆形切模或锯齿刀

❖ 糕点刷

❖ 蛋糕板（非必须）

❖ 调色刀

❖ 大号不粘擀面棍

❖ 大号不粘板配防滑垫

❖ 金属尺子

❖ 大号尖刀

❖ 大号圆形切模或小号尖刀

❖ 2个翻糖抹平器

小贴士

制作迷你经典水果蛋糕需要在迷你模具中烘烤，不可以通过裁切大尺寸水果蛋糕获得，因为水果蛋糕的结构比较特殊。

小贴士

冷冻过的海绵蛋糕更容易操作，因为冷冻后更紧实。

迷你方形蛋糕

覆盖迷你方形蛋糕的方法和覆盖迷你圆形蛋糕的方法相同。用尖刀切掉多余的翻糖。借助翻糖抹平器在方形蛋糕的对立面压实。

1. 借助蛋糕分层器把方形蛋糕平分为两层。用圆形切模切取迷你圆形蛋糕，用锯齿刀切取迷你方形蛋糕。

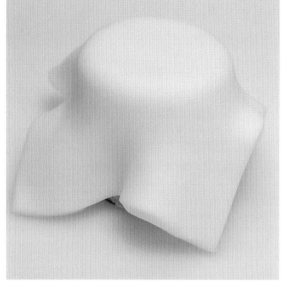

2. 在海绵蛋糕表面刷适量糖浆，把两层蛋糕中间夹奶油霜或甘那许，如果是巧克力蛋糕建议夹甘那许。蛋糕板尺寸和蛋糕尺寸一致时更容易黏合在一起，用少量奶油霜或甘那许黏合即可。快速把蛋糕表面和夹层涂抹奶油霜或甘那许，放入冰箱冷藏至少20分钟。

3. 取适量翻糖，在大号不粘板上借助大号不粘擀面棍把翻糖擀成5毫米（3/16英寸）厚、38厘米（15英寸）宽的正方形翻糖片。分割成9个正方形，每个迷你蛋糕上覆盖1个正方形翻糖。如果你是初学者，建议你在操作时把其他的翻糖片用保险膜覆盖防止变干。

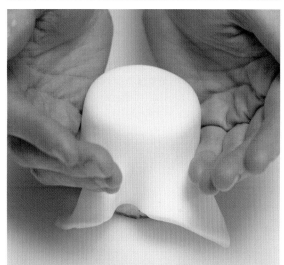

4. 双手在翻糖表面沿蛋糕侧面从上向下捋，用圆形切模或小尖刀去除底部多余翻糖。

5. 借助两个翻糖抹平器在蛋糕侧面前后移动从而抹平蛋糕侧面。放置一旁晾干，通常放置过夜后再做表面装饰。

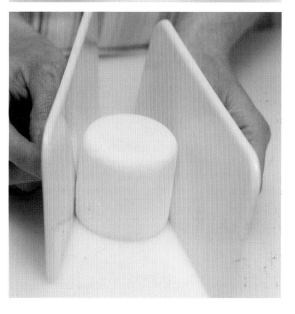

烘烤杯子蛋糕

杯子蛋糕的制作方法同经典海绵蛋糕、经典巧克力蛋糕和胡萝卜蛋糕（见92页蛋糕配方章节）。配方用量由杯子蛋糕数量决定。通常10~12个杯子蛋糕的配方量同13厘米（5英寸）圆形蛋糕或10厘米（4英寸）方形蛋糕。把杯子蛋糕底托放在马芬烤盘内，倒入2/3满模或3/4满模的面糊。烤箱预热180摄氏度／350华氏度／4档，烘烤20分钟至表面有弹性。

杯子蛋糕底托有普通纸款，带图案纸款和锡纸款。我通常选择普通锡纸款，因为可以突显蛋糕表面装饰的华丽。如果杯子蛋糕比较朴素没有过多装饰，可以考虑选择带图案的底托。

覆盖杯子蛋糕的方法有多种，因口感和装饰效果不同而各有特色。有些方法操作难度略大，有些方法则比较简单而且是亲子活动不错的选择。

翻糖覆盖杯子蛋糕

翻糖覆盖是一种比较快捷的覆盖杯子蛋糕的方法。你只需要切取一个跟杯子蛋糕顶部大小相同的圆形翻糖片即可。我个人更喜好全部覆盖杯子蛋糕顶部。选取顶部是完美半球形的杯子蛋糕。

1. 借助调色刀在杯子蛋糕顶部涂抹一层薄薄的奶油霜或甘那许，使得杯子蛋糕顶部形成一个光滑的半球形。放入冰箱冷藏20分钟至奶油霜或甘那许变硬。

2. 取翻糖擀开，用圆形切模切取比杯子蛋糕顶部略大的翻糖片。我建议一次性切取9片圆形翻糖片，用保鲜膜覆盖翻糖片放置变干。取一片翻糖覆盖在杯子蛋糕顶部，借助翻糖抹平器切除多余翻糖并平整杯子蛋糕表面。

翻糖液杯子蛋糕

这种杯子蛋糕的装饰方法操作难度比较大，但是浸入翻糖液的杯子蛋糕口感更好而且看起来更漂亮。我这里选用的现成的翻糖液，可以从专门供应商那里买到。也可以从大型超市选购翻糖粉。

1. 用锯齿刀修整杯子蛋糕表面，去除不平的突起。在杯子蛋糕表面刷调味糖浆。

2. 杏仁酱或浓缩果酱（果冻）放入锅中加热煮沸，放置一旁稍微晾凉，刷在杯子蛋糕表面。冰箱冷藏15～30分钟。

3. 把翻糖放入微波炉专用碗中，微波中火加热1.5分钟，翻糖受热变成翻糖液。

4. 加入砂糖和3/4的无味糖浆，轻柔搅拌，避免搅拌过程中混入气泡。加入食用色素调颜色。如果需要多种颜色翻糖液，先将翻糖液分装再调颜色。不操作时用保鲜膜覆盖防止变干。

材料（制作20个杯子蛋糕）

❀ 20个顶部完美半球形的杯子蛋糕（见上页）
❀ 1标准量的糖浆，调味搭配海绵蛋糕，1标准量无味糖浆（见102页糖浆章节）
❀ 100克（3.5盎司）杏仁酱或浓缩果浆（果冻）
❀ 1千克（2磅 4盎司）预制的翻糖
❀ 1汤匙液体糖
❀ 食用色素

工具

❀ 小号锯齿刀
❀ 糕点刷
❀ 微波炉和微波炉专用碗
❀ 2个金属勺或调色刀

5. 把翻糖液放回微波炉内稍微加热至略高于体温（39～40摄氏度／102～104华氏度）。检查翻糖液的状态，把杯子蛋糕浸入翻糖液中。如果翻糖液太浓稠，加入剩余的无味糖浆调节翻糖液的浓稠度，直到杯子蛋糕表面可以被翻糖液完美覆盖。注意翻糖液不宜过稀薄，否则无法完美覆盖杯子蛋糕。

6. 手持杯子蛋糕底托把杯子蛋糕顶部浸入翻糖液内。取出前在翻糖碗上方停留几秒，多余的翻糖液会滴落回碗里。全部杯子蛋糕表面都覆盖好翻糖液后放置一边晾5～10分钟后，再重复一次上述操作，进行第二次覆盖。

翻糖小甜品

很多甜品可以替代杯子蛋糕，像迷你蛋糕一样（见112页迷你蛋糕章节）。翻糖小甜品是由经典海绵蛋糕切取的（见92页经典海绵蛋糕章节），蛋糕形状比较多样，操作最简单的是方形翻糖小甜品。如果计划把蛋糕装入杯子蛋糕底托，需要把蛋糕切成4厘米（1.5英寸）宽、4厘米（1.5英寸）高的方块状。烤制比较薄的蛋糕（见右侧材料部分），然后裁取合适的高度。香草味、柠檬味或橙子味海绵蛋糕比较适合制作翻糖小甜品。

制作翻糖小甜品的方法与杯子蛋糕类似（见114页烘烤杯子蛋糕章节）。区别在于在蛋糕表面覆盖翻糖的方法不同。

1. 蛋糕分层后在蛋糕中间夹馅儿，在顶层蛋糕表面刷一层调味糖浆，再刷一层杏酱或果酱（果冻）。

材料（制作16个）

❧ 18厘米（7英寸）方形薄海绵蛋糕（见92页经典海绵蛋糕章节，用1/2配方量），分两层中间夹果酱（果冻）或柠檬、青柠或橙子口味凝乳（见104页蛋糕分层、夹馅儿和为覆盖翻糖做准备章节）

❧ 1标准量的糖浆，根据蛋糕口味调味；1标准量的无味糖浆（见102页糖浆章节）

❧ 2汤匙杏酱或浓缩果酱（果冻），煮沸并稍晾凉

❧ 175克（6盎司）杏仁糖膏或翻糖

❧ 750克（1磅10.5盎司）预制的翻糖

❧ 3/4汤匙液体糖

❧ 食用色素，如需调色

工具

❧ 糕点刷
❧ 大号不粘擀面棍
❧ 大号不粘板，配防滑垫
❧ 糖霜或杏仁糖膏垫片
❧ 翻糖抹平器
❧ 金属尺子
❧ 大号和小号尖刀
❧ 浸渍叉
❧ 冷却架
❧ 16个杯子蛋糕底托

2. 把杏仁糖膏或翻糖用大号擀面杖在不粘板上擀成3~4毫米（1/8英寸）薄片，借助翻糖或杏仁糖膏垫片保持翻糖片厚度均匀。把翻糖片覆盖在海绵蛋糕表面，借助翻糖抹平器压实表面。用尖刀切取4厘米（1.5英寸）的方块。放入冰箱冷藏至少1小时。

3. 参考115页翻糖液体杯子蛋糕章节中步骤3~5准备翻糖液，添加无味糖浆调节翻糖液的浓稠度。

4. 修整方形蛋糕的边缘，切除多余的翻糖。借助浸渍叉把蛋糕翻糖面浸入翻糖液内。蛋糕表面覆盖翻糖液后迅速转移到冷却架上，多余的翻糖液会滴落在冷却架上。同样的方法把所有蛋糕浸入翻糖液使得表面均匀覆盖翻糖。

5. 借助尖刀把翻糖小甜品从冷却架上取下并切除多余翻糖。

6. 把翻糖小甜品放入杯子蛋糕底托内并压实，使得底托完美贴合在蛋糕表面。把所有翻糖小甜品摆放在一起晾干，准备进行表面装饰。

烘烤饼干

烘烤饼干很有乐趣，可以让孩子一起参与制作，烤饼干是一项适合任何场合的亲子活动。你可以借助切模把饼干面团制作成自己喜欢的形状然后在表面装饰。本书中会介绍多种方法，帮助你制作出美味又吸引眼球的饼干。

材料（制作10～15块大号饼干或25～30块中号饼干）

- ❖ 250克（9盎司）无盐黄油
- ❖ 250克（9盎司）糖粉（超细）
- ❖ 1～2个中号鸡蛋
- ❖ 1茶匙香草精
- ❖ 500克（1磅1.5盎司）普通面粉，另备少量散粉

工具

- ❖ 大号料理机
- ❖ 刮刀
- ❖ 深盘或塑料容器
- ❖ 保鲜膜
- ❖ 饼干切模或模版
- ❖ 尖刀（用于制作模板）
- ❖ 烤盘
- ❖ 烘焙油纸

小贴士

饼干面团可以提前制作好，冰箱冷冻可保存2周。

1. 黄油和糖粉借助电子料理机打发至蓬松。

2. 逐步加入鸡蛋和香草精搅拌均匀至全部材料完全融合。

3. 筛入面粉，全部材料搅拌均匀。面粉可以分两步筛入，不要过度搅拌。

4. 把饼干面团放入容器内表面覆盖保鲜膜，放入冰箱冷藏至少30分钟。

5. 在工作台表面撒少量散粉防粘，把饼干面团擀开至4毫米（1/4英寸）厚。擀面团时可在在面团表面撒少量散粉防止面团粘在擀面杖上。

小贴士

擀面团时注意不要撒过多散粉，否则饼干面团会偏干。

6. 借助饼干切模或模版切出所需形状。烤盘内垫油纸，把饼干放在烤盘油纸上放入冰箱冷藏至少30分钟。

7. 烤箱预热至180摄氏度／350华氏度／4档，烘烤约10分钟至饼干表面金黄色，需要根据饼干尺寸略微调整烘烤时间。出炉后彻底晾凉，放入密封容器内可保存1个月。

饼干口味

巧克力　50克（1.75盎司）可可粉（无糖可可粉）替代面粉

柑橘　加入1个柠檬量的柠檬碎或1个橙子量的橙子碎

杏仁　用1茶匙杏仁香精代替香草精

装饰技巧

糖霜

糖霜装饰是蛋糕装饰中最常用的装饰方法之一。糖霜应用范围很广泛，可以制作糖霜蛋糕和糖霜饼干，可以用作糖霜装饰（勾边、裱花和写字），还可以被用作黏合剂。

建议糖霜现用现制作，如果用不完的糖霜密封保存可保存5天。临用前用打蛋器重新搅拌糖霜至最佳状态。

材料

✤ 2个中号鸡蛋蛋清或15克（0.5盎司）蛋白粉浸泡在75毫升（2.5费升盎司）水中
✤ 500克（1磅1.5盎司）糖粉

工具

✤✤ 大号料理机
✤ 粉筛
✤ 刮刀

1. 如果选用蛋白粉制作糖霜，需要至少提前30分钟把蛋白粉放水中浸泡，提前浸泡一晚并冰箱冷藏最佳。

2. 糖粉筛入打蛋盆内，加入蛋清或提前准备的蛋清粉溶液。

3. 打蛋器抵档搅拌3~4分钟至硬尖峰质地。硬尖峰糖霜可以用作黏合剂。

4. 制作好的糖霜置于密封盒内，表面覆盖湿布防止变干。

软尖峰糖霜

糖霜裱图案时需要在硬尖峰糖霜里加入少量水软化糖霜质地。

流动糖霜

向糖霜里加入更多的水可以得到流动糖霜用于填充糖霜饼干（见下页图）。检测糖霜的质地可以用勺子取少量糖霜后倒回碗里。如果糖霜落回碗里停留5秒钟后才和碗内的糖霜融合，这样是理想的流动糖霜状态。如果糖霜过稀，糖霜会流出饼干外。如果糖霜过稠则无法均匀涂抹饼干。

糖霜饼干

糖霜覆盖饼干是我最喜欢的一种覆盖饼干的方法，因为我喜欢脆脆的糖霜搭配相对软的饼干组合在一起的口感。本书中大部分饼干装饰方法都是糖霜装饰。如果你需要用糖霜装饰较多数量的饼干，可以用塑料挤压瓶代替裱花袋。

材料

❖ 软尖峰糖霜（见上页）

工具

❖ 纸质裱花袋，大号和小号（见制作裱花袋章节）

❖ 裱花嘴：1号、1.5号或2号

小贴士

如果需要用流动糖霜覆盖的面积较大，先在外围勾边再由外向内覆盖以保证覆盖面的平整。

1. 小号裱花袋配1.5号或2号裱花嘴，装入适量软尖峰糖霜。在饼干外围勾边。

2. 把糖霜加水调成流动质地（见120页糖霜章节），装入大号裱花袋配1号裱花嘴。从勾边由外向内覆盖饼干。如果饼干面积较大（见120页流动糖霜章节），可以不用裱花嘴，直接在裱花袋上剪个小口。

3. 饼干表面覆盖待糖霜完全干透后继续在表面添加装饰。

翻糖覆盖饼干

翻糖覆盖饼干简单快捷，被翻糖覆盖的饼干看起来比较整洁。取适量翻糖擀至4毫米（1/8英寸）厚，用切饼干面团的切模或模板切取翻糖片。借助煮沸并晾凉的杏酱或浓缩果酱把翻糖片黏合在饼干表面即可，注意翻糖的边界不要超过饼干的边界。

制作油纸裱花袋

1. 把一张正方形油纸沿对角线裁成两半。制作小号裱花袋用15～20厘米（6～8英寸）的正方形，制作大号裱花袋用30～35厘米（12～14英寸）的正方形。

2. 把三角形油纸的中心点朝向自己，最长的一边朝向对侧。右边的锐角向中心点弯曲，使两个点重合。右手拇指和食指捏住两个点。

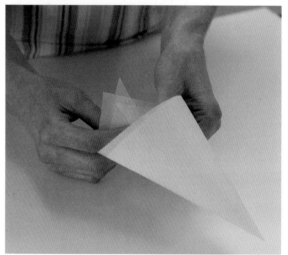

3. 左边的锐角向右弯曲，绕到中心点后方和两个点重叠。这时候的油纸形成了一个圆锥体。调整油纸并用双手拇指和食指捏住三个重合的点。

4. 收紧圆锥形油纸袋使得纸袋点尖端形成尖角。

5. 把汇聚的三个点向纸袋外侧折叠并压实，反复压紧折线以确保裱花袋不会散开。

小贴士

建议准备蛋糕装饰前提前制作一批油纸裱花袋，放置一旁备用。

糖霜裱花

糖霜裱花一般用软尖峰糖霜。根据需要选择裱花嘴型号。

糖霜装入裱花袋内，量不宜过多，最多占裱花袋总容积的1/3。把裱花袋顶部折叠封口。掌握正确手持裱花袋的方法很重要。食指握于裱花袋上方，用食指操控裱花袋的方向。如果你觉得其他方法操作更容易也可以。

裱圆点，轻轻挤压裱花袋直至得到你想要的圆点尺寸。停止施压并向上提起裱花袋。如果圆点表面有小尖峰用湿润笔刷压平即可。

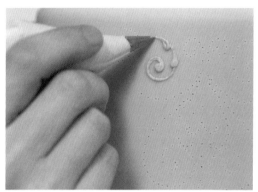

裱泪珠，先挤出圆点然后把裱花嘴向外拉，停止施压并提起裱花袋。如果想裱拉长的漩涡状泪珠，先裱出圆点再向一侧拉伸形成漩涡状。根据泪珠尺寸调整裱花时施压力度，裱大尺寸泪珠时适当加大施压力度。裱花时注意贴近蛋糕表面操作，也就是所谓的'贴面裱花'。

裱线条，先将裱花嘴接触蛋糕并施压，然后抬起裱花袋，边均匀施压边移动裱花袋。在线条接近末端时停止施压并下降裱花嘴落回蛋糕表面。裱线条时不要牵拉线条，否则会导致线条粗细不均匀。裱线条时尽量沿着模板或饼干外轮廓操作。

裱水滴花边，先裱一个圆点再向一侧拉，形成泪滴状。在蛋糕表面重复这一步骤直至形成一圈花边。

花朵甘佩斯

花朵甘佩斯可以用来制作更加立体的蛋糕装饰和饼干装饰，例如花朵、褶皱花边、蝴蝶结和彩带，因为甘佩斯可以被擀成很薄的翻糖片。使用甘佩斯前先用手指揉软。

塑形甘佩斯和CMC

塑形甘佩斯是一种比较硬的翻糖，它可以用来制作对立体支撑要求略低的装饰。它不会像花朵甘佩斯那样干得那么快。你可以选择购买现成的塑形甘佩斯，也可以选择利用CMC（羟甲基纤维素钠）自己制作。CMC是一种粉末，揉翻糖时候加入就可以制得塑形甘佩斯。每300克（10.5盎司）中加入1茶匙CMC即可。

小贴士

加色素给翻糖调色时要边调色边加色素，手边常备白色翻糖，若调色时候颜色过深可以用白色翻糖纠正。

调 色

调色分两种：给固体翻糖调色和给液体糖霜调色。我喜欢用色膏调色，尤其是给翻糖、花朵甘佩斯和杏仁糖膏调色，固体色膏可以防止调色时候翻糖变的过于湿润过于黏。添加少量色素时可以用鸡尾酒签（牙签），添加大量色素时建议用小刀，添加色素后揉翻糖使得翻糖均匀上色。液体糖霜或翻糖液可以用液体色素调色，但注意不要一次加太多色素，建议边调色边缓慢加入色素。

调过颜色的翻糖或糖霜变干后颜色会变化，有些变深有些变浅。

小贴士

建议给翻糖调色时候多调一些，这样如果有做错的还可以补救。本书所标用量都包括了富余量。用不完的翻糖可以放在密封盒内保存。

模板

（这里显示的尺寸是经过50%缩放的，应用时请放大到200%）

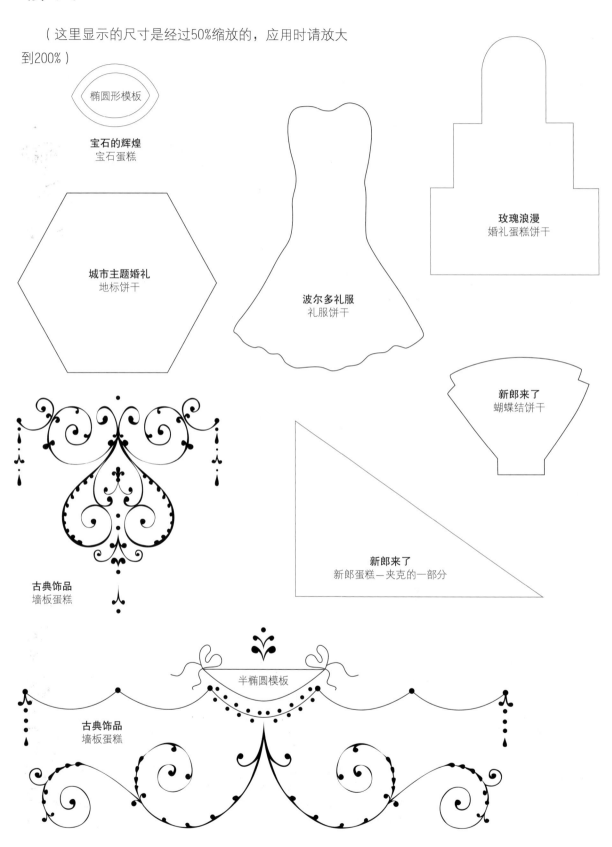

椭圆形模板

宝石的辉煌
宝石蛋糕

城市主题婚礼
地标饼干

波尔多礼服
礼服饼干

玫瑰浪漫
婚礼蛋糕饼干

新郎来了
蝴蝶结饼干

新郎来了
新郎蛋糕—夹克的一部分

古典饰品
墙板蛋糕

半椭圆模板

古典饰品
墙板蛋糕

供应商

英国蛋糕店
www.thecakeparlour.com
伦敦，亚瑟路146号
SW19 8AQ
电话：020 8947 4424

FMM糖艺
www.fmmsugarcraft.com
赫特福德郡，赫默尔亨普斯特德，白叶街，尚书门商业园，7栋
HP3 9HD
电话：01442 292970

果园产品
www.orchardproducts.con.uk
东萨塞克斯，霍夫，哈利伯顿路51号
BN3 7GP
电话：01273 419418

老爷厨房用品商店
www.squires-shop.com
萨里，法纳姆，韦弗利车道3号
GU9 8BB
电话：0845 225 5671

枫糖小屋
www.sugarshack.co.uk
伦敦，威斯特摩兰路，鲍曼商厦，12号
NW9 9RL
电话：020 8204 2994

美国设计模板
www.designerstencils.com
威尔明顿，银汉路2503号，设计模板
DE 19810
电话：800-822-7836

环球糖艺
www.globalsugarart.com
纽约，普拉茨堡，3栋，3门625
12901
电话：1-518-561-3039

鸣谢

作者和出版社感谢以下企业：

英国科学院
伦敦，卡尔顿酒店，10-11号
SW1Y 5AH
www.10-11cht.com

伯灵顿·伯蒂
伦敦，温布尔登，海登路 329号
SW19 8LA
www.burlingtonberties.co.uk

卡罗琳·卡斯提利亚诺
伦敦，奈茨布里奇，布拉姆顿大街 154号
SW3 1HX
www.carolinecastigliano.co.uk

克拉里·佩蒂伯恩
布莱克本婚礼文化有限公司
伦敦，布莱克希思，宁静山谷56号
SE3 0BD
www.blackburnbridal.uk

陶瓷餐具橱柜
www.thecrockerycupboard.co.uk

伦敦Cutture
伦敦，旺兹沃思桥路 269号
SW6 2TX
www.cutture.com

多蒂设计
剑桥郡，马奇，克里克路161号，森林屋
PE15 8RY
www.dottiecreations.com

埃米鞋业
伦敦，伊斯灵顿，十字街 65号
N1 2BB
www.emmyshoes.co.uk

Farrow & Ball
www.farrow-ball.com

琼斯雇佣
伦敦，德特福德，克里克赛德 24号
SE8 3DZ
www.joneshire.co.uk

莉斯贝思·达尔
www.lesbthdahl.dk

马尔克·华莱斯
伦敦，新国王路261号
SW6 4RB
www.marcwallace.com

尼基·麦克法兰
www.nickimacfarlane.com

Rayners餐饮出租
伦敦，加勒特道118-120号，宴会厅
SW18 4DJ
www.rayners.co.uk

简约高雅
（伊丽莎白·高）
肯特，伊丽莎白，麻雀路25号
BR5 1RY
www.simplyelegant.co.uk

思蒂·埃尔策
萨里，里士满，克佑，Sandycombe路 287号
TW9 3LU
www.zitaelze.com

鸣谢

　　首先，我感谢以下为我提供优质产品的合作伙伴，我的婚礼蛋糕灵感来自于以下优质产品：克拉里·佩蒂伯恩和卡罗琳·卡斯提利亚诺的美艳动人的新娘礼服；多蒂设计和Cutture公司的创意文具；埃米鞋业漂亮的女鞋；马尔克·华莱斯的精致无尾晚礼服；尼基·麦克法兰的精美花卉女士服装；11号卡尔顿酒店提供的拍摄场地；伊丽莎白·高的装饰气球；思蒂·埃尔策的美丽鲜花。

　　其次感谢提供精美道具和餐具的供应商们：莉斯贝思·达尔，琼斯雇佣，陶瓷餐具橱柜，Rayners餐饮出租；除此之外还要感谢Farrow & Ball提供的精美壁纸，见第29，37，45和61页。

　　我还要感谢莎拉·昂德希尔以及大卫和查尔斯团队的所有工作人员的帮助，摄影师西安·欧文，耐心的编辑希瑟·海恩斯。

　　最后万分感谢我的朋友和我的助理鲁比娜在蛋糕制作中给我的建议，当然还有一直支持我的家人。

图书在版编目（CIP）数据

独一无二的婚礼蛋糕／（英）佐伊·克拉克著；刘
嘉译. --北京：中国纺织出版社，2017.3
书名原文：Chic & Unique Wedding Cakes
ISBN 978-7-5180-3058-3

Ⅰ. ①独… Ⅱ. ①佐… ②刘… Ⅲ. ①蛋糕－糕点加
工 Ⅳ. ①TS213.2

中国版本图书馆CIP数据核字（2016）第259459号

责任编辑：韩　婧　彭振雪　　责任印制：王艳丽

中国纺织出版社出版发行
地址：北京市朝阳区百子湾东里A407号楼　邮政编码：100124
销售电话：010－67004422　传真：010－87155801
http://www.c-textilep.com
E-mail:faxing@c-textilep.com
中国纺织出版社天猫旗舰店
官方微博http://weibo.com/2119887771
北京市雅迪彩色印刷有限公司印刷　各地新华书店经销
2017年3月第1版第1次印刷
开本：889×1194　1/16　印张：8
字数：98千字　　定价：68.00元

凡购本书，如有缺页、倒页、脱页，由本社图书营销中心调换